BIBLIOTHÈQUE CONTEMPORAINE

AMÉDÉE GUILLEMIN

LES MONDES

CAUSERIES ASTRONOMIQUES

TROISIÈME ÉDITION

REVUE ET AUGMENTÉE

PARIS

MICHEL LÉVY FRÈRES, LIBRAIRES ÉDITEURS

RUE VIVIENNE, 2 BIS, ET BOULEVARD DES ITALIENS, 15

A LA LIBRAIRIE NOUVELLE

1863

LES MONDES

CAUSERIES ASTRONOMIQUES

Imprimerie L. Toinon et Cᵉ, à Saint-Germain.

LES
MONDES

CAUSERIES ASTRONOMIQUES

PAR

AMÉDÉE GUILLEMIN

—

DEUXIÈME ÉDITION

Revue et augmentée

PARIS

MICHEL LÉVY FRÈRES, LIBRAIRES ÉDITEURS

RUE VIVIENNE, 2 BIS, ET BOULEVARD DES ITALIENS, 15

A LA LIBRAIRIE NOUVELLE

—

1863

1863

A MON FRÈRE I. GUILLEMIN

MÉDECIN AIDE-MAJOR

Attaché à la Légation de France de Tanger (Maroc)

AVANT-PROPOS

—

Les esquisses astronomiques dont nous publions aujourd'hui la seconde édition, ont reçu du petit nombre des personnes qui ont bien voulu prendre la peine de les lire, un accueil assez flatteur, pour que nous ayons considéré comme un devoir d'en reviser avec soin la rédaction.

Sans sortir du cadre que nous nous étions tracé, nous avons profité de cette révision pour donner plus de développements à quelques-unes des parties les plus intéressantes de notre sujet, et pour rendre plus claires la description et l'explication de quelques phénomènes complexes. Nous avons voulu nous approcher ainsi de plus en plus du but de ces causeries, qui est de servir d'introduction familière à la lecture des ouvrages techniques d'astronomie.

Mais nous nous sommes efforcé de résister à une tentation bien naturelle, celle d'élargir notre programme, en donnant à cet opuscule des proportions qu'il ne comporte point. Et, pour qu'on ne nous fasse pas le reproche d'être resté ainsi en deçà de ce programme, nous renverrons aux quelques pages d'introduction dont nous avons fait précéder la première

édition de ces causeries, et que nous reproduisons
ici sans y rien changer.

Toutefois, si nos prétentions, en fait d'initiation
aux connaissances astronomiques, sont fort restreintes, ce n'est pas une raison pour dissimuler une
des principales raisons qui nous ont décidé à écrire
cet ouvrage.

Qu'on nous permette, à cet égard, quelques développements.

Quand on étudie l'astronomie ou une autre science
quelconque, on peut et l'on doit retirer de cette étude
un double profit. En premier lieu, on élargit de
la sorte le cercle des connaissances positives que
l'homme est arrivé à posséder sur le monde. C'est
pour nous un moyen d'accroître, pour ainsi dire, indéfiniment, et la somme de nos idées cosmologiques
t le champ de leurs applications pratiques.

D'un autre côté, l'esprit des méthodes qui servent
à la découverte ou à la démonstration des vérités
scientifiques, est de nature à fournir à l'intelligence
la gymnastique la plus heureuse, c'est le plus sûr
moyen de la mettre en garde contre les défail-
lances dont notre époque de lumières est loin d'être
préservée.

L'esprit humain, en effet, est enclin à une tendance qui peut être considérée comme un des plus
grands obstacles aux progrès de la connaissance.
Dans son ardeur à vouloir tout comprendre, tout
expliquer, il ne se contente pas des faits acquis ni
des lois démontrées, il n'est pas même satisfait par
les vues que lui suggèrent ces faits et ces lois sur les
progrès prochains de la science. Il faut qu'il aille
plus loin. Abandonnant la méthode, trop lente au gré
de ses aspirations, il substitue ses fantaisies, ses

créations imaginaires à l'inconnu qui l'obsède. C'est ainsi que surgissent tous ces systèmes fondés sur des hypothèses surnaturelles et mystiques ; et parce que ce que l'on ne sait pas semble être du domaine du rêve, on l'y relègue en effet. Un peu de patience, ou même, s'il en est besoin, beaucoup de patience, voilà ce qu'il nous faut pour nous mettre en garde contre ces débauches de la raison ou du sentiment. Soyons surtout bien convaincus que le flambeau de l'analyse peu à peu pénétrera tous les mystères, et montrera la loi là précisément où nos caprices avaient imaginé des interventions occultes.

Croit-on encore, à notre époque, aux règles de l'astrologie judiciaire?

Non, sans doute. Ces ridicules préjugés dont les plus grands esprits furent infatués chez les anciens comme chez les modernes, paraissent à jamais détruits ; mais l'amour du surnaturel est si grand, notre crédulité semble avoir un tel besoin de miracles, qu'on voit reparaître sous une autre forme les superstitions d'un autre âge : le spiritisme, la croyance aux médiums, à l'âme de la Terre, aux âmes des autres astres, la prédiction de l'avenir, l'interrogation des tables, les phénomènes de magnétisme animal, interprétés ou dénaturés à plaisir, la chiromancie, font constamment encore, et dans les esprits les plus élevés, sinon les plus droits, des prosélytes passionnés.

Et notez qu'il ne s'agit pas pour eux, de démêler dans ces faits la part du charlatanisme et celle du réel ; ils laissent volontiers de côté les sévères méthodes d'une investigation consciencieuse pour se livrer, sens et imagination à la fois, au charme des divinations inspirées. J'en connais qui prônent de bonne foi ces chimères comme des moyens nouveaux et féconds de découvrir les lois de la vie. Le quart de l'intelligence qu'ils emploient à tourner et à retourner ces créations spontanées de leur cerveau, suffirait largement à augmenter le nombre et l'étendue des connaissances vraiment scientifiques.

A nos yeux, la méthode scientifique est éminemment propre à dissiper tous ces fantômes; elle est à la fois la morale et l'hygiène de l'intelligence.

Voilà pourquoi nous nous sommes efforcé, dans ces causeries, de faire ressortir dans une certaine mesure le côté philosophique de l'astronomie.

Mais nous ne voulons rien exagérer, et, si nous croyons que les vérités astronomiques ont, à bien des égards, une véritable importance sociale, si nous croyons que tout homme intelligent, que toute femme vraiment instruite doit connaître, au moins pour les faits les plus saillants, ce qu'on sait de l'univers, si de telles notions ont en outre pour résultat d'affranchir l'esprit des préjugés et des tendances maladives du mysticisme, ce n'est pas à dire que nous croyions l'astronomie ou toute autre science physique destinée à remplacer ni la morale ni les sciences vraiment sociales. Mais l'Astronomie sera toujours — et c'est là sa vraie gloire — une des bases les plus importantes des connaissances humaines.

PRÉFACE DE LA PREMIÈRE ÉDITION

—

Est-ce de la rêverie? Est-ce de la science?

Telle sera, si je ne me trompe, la question de plus d'un lecteur, au moment d'ouvrir ce petit volume.

L'un et l'autre, répondrai-je, ou, si l'on préfère, de la rêverie à propos de science. Mais comme il y a rêverie et rêverie, qu'on me permette un mot d'explication.

Chaque année voit apparaître, mort-née, quelque nouvelle théorie astronomique, plus ou moins bizarre, pour ne pas dire plus, qui prétend réformer, renverser tout, et, sous prétexte de renouveler la science, la ramène tout bonnement aux naïves hypothèses de ses premiers âges : ajoutant ainsi un chapitre de plus au livre des erreurs et des préjugés.

D'autres, plus savants, se lancent dans le champ des conjectures, bâtissent des systèmes, et, devançant l'observation, veulent expliquer tout par une formule : race d'inventeurs quand même, qu'il ne faut pas condamner sans les entendre. Le dédain des savants officiels pour tout ce qui n'est pas reconnu et breveté par eux, justifie trop souvent leur audace :

> Croire tout découvert est une erreur profonde;
> C'est prendre l'horizon pour les bornes du monde,

a dit le poëte.

En deçà ou au delà des connaissances acquises, démontrées, tel est le double caractère de ces deux courants de production.

Or, j'avertis qu'on ne trouvera rien ici de pareil. La raison en est simple : je ne viens pas dévoiler les erreurs des astronomes, je ne réforme, je n'invente rien.

L'astronomie n'est point achevée, tant s'en faut, quelque avancée qu'elle soit.

Le système solaire lui-même, pour ne parler que de la portion du ciel qui nous environne, la constitution physique de la Lune, du Soleil et des planètes, nous sont-ils bien connus? N'a-t-on pas, cette année même [1], découvert entre le Soleil et nous une planète restée jusqu'ici inaperçue malgré les perturbations que sa présence causait dans la marche de Mercure [2]? Enfin, le monde des étoiles, des nébuleuses, déjà si riche en brillants phénomènes, combien ne nous promet-il pas encore de révélations?

Mais telle qu'elle est aujourd'hui, néanmoins, je ne sache pas qu'il y ait au monde une science dont les enseignements offrent un aussi merveilleux ensemble, qui

---

1. 1860.

2. C'est un docteur en médecine, M. Lescarbault, qui a le premier constaté et décrit les circonstances du passage de cette nouvelle planète, devant le disque du Soleil, le 23 mars 1860. Elle n'a pas été revue depuis.

frappe plus vivement l'imagination par la poésie grandiose de ses découvertes, et l'intelligence par la généralité de ses lois.

Il suffit, pour s'en convaincre, de s'en tenir — et c'est
ce que je ferai — aux résultats de l'observation et du calcul, sans dépasser en rien les conclusions de la science.
Je laisse à d'autres la satisfaction de présenter au public
ébahi les débauches de leur imagination pour les conceptions du génie.

Ce que je propose ici, c'est une promenade pittoresque
a travers les espaces; une pérégrination par la pensée
dans l'abîme où notre vue plonge de toutes parts, quand
elle perce et dépasse les limites de notre atmosphère;

Puis, çà et là, quelques causeries sans prétention, sur
les étonnants phénomènes dont nous sommes les specta-
teurs quotidiens;

Sans beaucoup d'ordre, j'en préviens, ou du moins sans
un plan méthodiquement arrêté.

Ce petit livre n'est donc pas — son titre l'indique assez
— un cours de cosmographie, même élémentaire, encore
moins un traité d'astronomie.

Cependant, qu'on n'y cherche pas non plus la science
déguisée sous d'aimables fleurs de rhétorique, entremêlées d'épîtres versifiées, en l'honneur de la déesse Uranie
ou de toute autre divinité mythologique.

Tout cela est fait; les traités abondent : depuis la simple
description du monde, enseignée aux écoles, jusqu'aux
savants traités d'astronomie mathématique; depuis les
ouvrages lumineux et riches de détails d'Herschel et
d'Arago, jusqu'à l'œuvre monumentale de Laplace.

Eh bien, il n'en est pas moins vrai que nous sommes

fort ignorants en astronomie, hommes et femmes, jeunes et vieux.

Cette ignorance a plusieurs causes.

En premier lieu, l'aridité des études préliminaires, géométrie, mécanique..., etc. Quel est l'homme d'affaires ou l'homme du monde, quelle est la femme dont la bonne volonté n'est point rebutée par la sécheresse d'un travail méthodique, qu'on présente comme indispensable?

Une seconde cause, dans notre société si agitée, si préoccupée des événements politiques, de la Bourse et des affaires, des chroniques de salon ou de théâtre, c'est le manque de temps, le défaut de loisir.

Interrogez le premier venu! Il brûle, à l'entendre, de s'initier aux principales données de l'astronomie, à ces magnifiques connaissances accumulées par deux mille ans d'observations et de découvertes, perfectionnées et agrandies par les travaux de soixante générations de savants.

Mais il n'a pas le temps!

Qu'on étudie soigneusement la tenue des livres en partie double, le code, l'escrime et la pisciculture, rien de mieux. Ce ne sont point choses à dédaigner; et, pour mon compte, je fais grand cas de la justice, de l'économie politique et domestique, et de l'art gracieux d'éventrer ses semblables. Mais est-ce bien là toute la vie, la vie intellectuelle et morale, s'entend?

Savoir quelle figure nous faisons dans l'Univers infini, nous autres chétifs et orgueilleux habitants de la Terre, où nous sommes, où nous allons, ce que nous fûmes et ce que nous deviendrons un jour; faire connaissance, au moins une fois en notre vie, avec les mondes nos voisins, avec ces voyageurs enflammés dont les longues pérégrinations et les retours périodiques ou imprévus nous paraissent si étranges; ne voilà-t-il pas bien des points qui méritent un peu notre attention et notre curiosité? Ce sont des distractions, je le veux; mais, prises modérément, elles peuvent servir de diversion heureuse aux préoccupations du jour, aux péripéties du cours de la rente.

Si telle est votre pensée, cher lecteur, nous passerons quelques heures ensemble à deviser Soleils, Terre, Étoiles, Comètes; à suivre ces êtres gigantesques dans leurs routes mystérieuses.

Nous laisserons de côté l'attirail des démonstrations scientifiques. On peut s'en passer, soyez-en certain, pour arriver à se faire une idée juste des grands mouvements qui font de l'Univers visible la plus admirable de toutes les harmonies.

Pour un tel voyage, quel sera notre guide? Je vous le répète, un guide sûr, expérimenté, contrôlé par la pratique des observations, par la rigueur des raisonnements et la précision des calculs : la science astronomique, telle qu'elle est aujourd'hui enseignée et démontrée.

J'aurai besoin, il est vrai, du concours de votre bonne volonté et de votre indulgence. Mais avec votre aide je ferai merveille. Puissiez-vous seulement lire ce volume, comme je l'ai composé : avec plaisir! Puisse-t-il vous faire goûter la science, vous en inspirer l'étude passionnée, surtout vous en faire exprimer le suc, pour ainsi dire, et la philosophie!

Décembre 1860.

LES MONDES

PREMIÈRE CAUSERIE

—

Utilité de l'Astronomie. — Influence des découvertes modernes sur les idées religieuses et morales; nouvelle conception de l'Univers. — Comme quoi les éclipses des lunes de Jupiter peuvent influer sur le prix du café, du sucre et du coton. — Aux grands astronomes la civilisation reconnaissante.

Interrogez au hasard cent personnes. Demandez-leur à quoi sert l'Astronomie.

Ou je me trompe fort, ou la majorité — j'entends la grande majorité — sera fort embarrassée de répondre à votre question d'une façon quelque peu précise.

Si vous avez affaire à des *illettrés*, comme disent les gens instruits ou se piquant de l'être, il n'y aura, dans ce résultat, rien qui doive vous étonner beaucoup. Mais si, vous adressant aux professions dites libérales, vous n'obtenez guère mieux, qu'en devrez-vous conclure? Tout au moins qu'il reste quelque chose à faire, en plein dix-neuvième siècle, avant que nous puissions nous vanter de nos lumières, et que, fiers de notre civilisation, nous ayions le droit de nous proclamer le peuple éclairé par excellence.

On dira que j'exagère. Vraiment, je ne le crois pas. Mais il faut dire, à notre décharge à tous, que nous rachetons le plus souvent notre ignorance, vis-à-vis de l'Astronomie, par un vif désir de savoir. En tout cas, voici l'expérience que j'ai faite bien des fois. Lorsque, dans une de ces conversations familières, de ces conversations comme on n'en voit pas assez, quelqu'un vient à entamer une question astronomique, tous les auditeurs prêtent aussitôt l'oreille : la curiosité générale est à l'instant surexcitée. Qu'il s'agisse d'une éclipse de soleil ou de lune, de l'apparition d'une comète ou de tout autre phénomène céleste, il n'importe. On écoute quand même, on saisit avec avidité, on recueille précieusement le récit, vrai ou faux, de l'astronome improvisé.

Tant l'inconnu a de charme pour nos imaginations blasées !

Nous aimons tous, à nos heures, l'indéfini, le sentimental ; mais quand, à la poésie que nous évoquons alors, vient se joindre la certitude du vrai, du réel, qui est le caractère propre des sciences positives, toutes nos facultés se trouvent également satisfaites.

Sur la foi du narrateur, nous nous élançons dans l'espace, nous suivons en pensée les soleils, les planètes et les comètes; nous les voyons dérouler devant notre imagination ébahie leurs orbes immenses. La folle du logis s'enfonce, et la raison avec elle, dans l'infini!

C'est qu'il y a dans l'étude, si superficielle qu'elle soit, de l'Astronomie, un charme qui pénètre et entraîne. Ce charme dure peu sans doute; et, la conversation finie, chacun retourne à ses affaires, aux préoccupations du moment. Mais l'impression subsiste, et, toutes les fois que l'occasion se présente, suscitée, soit par un phénomène nouveau, soit par une pensée intime, les mêmes questions involontairement se posent.

Qu'est-ce que le monde?

Qu'est-ce que l'univers, au moins dans sa partie visible, et quel rôle y jouons-nous?

Ce vif intérêt pour une science dont les faits et les lois sont encore si peu répandus; la facilité avec laquelle les uns et les autres sollicitent nos rêveries, tout cela ne vient-il point de ce que nous sentons instinctivement le lien qui rattache de telles questions au problème de nos destinées? C'est à chacun de décider ici selon ses aspirations et ses sentiments.

Mais si, au lieu de vous borner aux généralités de

la science, vous vous avisez d'entrer dans quelques
détails plus techniques; si vous abordez le côté rationnel de l'Astronomie, ses lois; ou si vous essayez
d'expliquer certains des travaux auxquels se livrent
les astronomes de profession, de décrire leurs instruments si ingénieux et si précis, oh! alors, c'est
autre chose. On ne vous écoute, on ne vous suit plus.
Il s'en faut de bien peu, si l'on ne pense tout bas
qu'astronome et monomane, astronomie et ennui,
sont autant de mots synonymes.

Tout au moins lirez-vous, écrite sur tous les vi-
sages, la question que je vous priais de poser tout à
l'heure : « A quoi sert l'Astronomie ?»

Ce qui veut dire en bon français : Ces curieux résultats de l'observation et du calcul, que vous faites
passer sous nos yeux, qui récréent notre imagination et nous font faire à peu de frais un voyage dans
le Ciel, nous voulons bien y croire. Nous ne vous
chicanerons pas trop sur les preuves. Nous avons la
presque certitude que vous ne vous moquez pas de
nous. Mais, en dehors de la pure curiosité, à quoi
tout cela sert-il? Qu'on nous parle lunettes et télescopes, passe encore! Pour deux sous, au Pont-Neuf,
nous comprenons qu'on ait la fantaisie d'examiner
comme Arago lui-même les satellites de Jupiter et
les taches du Soleil. Mais ces observations si difficiles

et si précises, mais ces observatoires si coûteux, et ces calculs arides, et tout le grimoire des formules mathématiques, à quoi bon tout cela? je vous le demande [1].

C'est à cette question que je me propose (prenant la cause des astronomes, en de bien faibles mains sans doute) de répondre dans cette première causerie.

Tout d'abord je ferai observer que la question est complexe; qu'elle est double, tout au moins.

Chez les esprits méditatifs et philosophes, elle signifie : Quel est l'intérêt de l'Astronomie, au point de vue intellectuel et moral? Les vérités qu'elle enseigne servent-elles aux progrès de l'humanité sous ces deux aspects?

De la part des esprits positifs et utilitaires, la question présente un autre sens; elle peut se traduire en ces termes :

Étant donnée telle somme d'argent, efficacement employée aux progrès de l'Astronomie, combien pour cent cette somme rapporte-t-elle à la société qui en fait l'avance? Problème assez intéressant, comme

1. Si le scepticisme auquel je fais allusion ne se formule pas toujours d'une manière aussi naïve, du moins il est encore bien des gens qui regardent la science astronomique comme une science de luxe, bonne tout au plus à satisfaire une vaine curiosité.

vous voyez, et dont j'aurais plaisir à effleurer la solution. Mais à tout seigneur tout honneur! Je commence par la question de l'utilité morale.

Veuillez d'abord vous reporter par la pensée au delà des quinzième et seizième siècles, quelque loin que vous voudrez dans l'histoire, et voyez l'opinion générale que l'on se faisait alors des relations possibles de l'homme avec le monde. La Terre immobile était comme le support du Ciel entier. C'est devant elle, et pour elle seule, que s'exécutaient les mouvements diurnes et nocturnes des corps célestes. Les plus hardis des anciens ne faisaient-ils pas du Soleil un corps « aussi gros que le Péloponèse? » La foule voyait dans les astres les ornements étincelants du séjour des dieux! Au moyen âge, le Ciel est le paradis, et sous la Terre résident les maudits de Dieu, les proies éternelles du démon. L'humanité est seule dans le monde : n'ayant devant les yeux que le spectacle incessant de ses fautes, de ses crimes, de ses erreurs, elle est rongée de la lèpre de l'égoïsme.

La découverte d'un nouveau monde, de nouveaux continents et de nouvelles nations, en élargissant le domaine de l'homme, élargit aussi le cercle de ses sentiments et de ses idées; mais combien plus, lorsque Képler, Galilée, Copernic, ces génies hardis et profonds, lui découvrirent le Ciel lui-même! il sen-

tit enfin la Terre se mouvoir sous ses pieds, l'air cir-
culer alentour[1]; le Ciel, jusque-là désert, se peupla
comme par enchantement!

Dès lors, l'humanité ne fut plus seule dans l'Univers : elle se reconnut des sœurs. Elle en devint
plus *humaine*, si je puis dire ainsi, et l'harmonie des
mondes lui fut enfin dévoilée! Grande et magnifique
éducation, à peine ébauchée même de nos jours! Initiation sublime, qui rayonna depuis dans toutes les
œuvres de l'homme, en réagissant tout ensemble sur
sa morale et sur ses idées!

En effet, bien loin que le monde entier apparût à
ses yeux comme un spectacle uniquement fait pour
récréer sa vue, la Terre, réduite à ses proportions
véritables, ne fut plus qu'un grain de sable dans
l'immensité. La Terre eut, dans les planètes, des
sœurs constituées comme elle et souvent mieux do-
tées, exécutant autour du foyer commun des mouvements pareils, soumis aux mêmes lois. Le télescope,
amplifiant la puissance visuelle, découvrit sur ces
terres toutes les conditions de l'organisation et de la
vie. Le monde devint un tout vivant, une harmonie,
un concert.

1. Ce n'est là qu'une image : on sait que l'atmosphère est en-
traînée dans le mouvement de rotation de la Terre, et fait corps
avec elle.

Bien plus, le système solaire, avec ses prodigieuses dimensions, s'évanouit bientôt lui-même : il ne fut plus qu'un point, comparé aux distances immensurables qui le séparent des cortéges éblouissants des autres mondes et des autres soleils [1].

En présence d'un tel spectacle, comment ne pas abandonner à tout jamais ces conceptions chimériques et étroites qui prétendent faire de l'Univers entier un panorama destiné simplement à la récréation de la vue de l'homme? Que d'idées fausses détruites, que d'erreurs superstitieuses détrônées! La grande et rationnelle idée de loi substituée, dans les esprits, soit à l'idée qui soumet tout aux caprices d'une volonté arbitraire, soit à celle qui prétend tout expliquer par l'aveugle hasard, cela seul doit suffire à

[1] Pendant longtemps on ne put calculer d'une manière appréciable la distance qui nous sépare de l'étoile prétendue fixe la plus voisine de notre système solaire. Le perfectionnement des mesures micrométriques a permis depuis d'obtenir approximativement cette distance. Comme les nombres qui dépassent une certaine limite n'offrent plus guère de sens à notre imagination, je préfère, pour donner à mes lecteurs une idée un peu nette des résultats obtenus, employer la comparaison suivante :

Un boulet de canon, se mouvant sans interruption avec la vitesse de 400 mètres par seconde, mettrait, pour franchir l'intervalle moyen qui nous sépare du Soleil, plus de douze années!

Or, l'étoile la plus voisine du système solaire est au moins 200,000 fois aussi loin de nous que nous le sommes nous-mêmes du Soleil. Il faudrait donc au boulet deux millions cinq cent mille années pour y parvenir!

faire comprendre quelle immense portée morale ont eue déjà, mais surtout auront dans l'avenir, les enseignements de l'Astronomie.

Je ne crois pas devoir insister plus longtemps sur l'utilité, sur l'influence de cette belle science au point de vue moral et intellectuel. D'ailleurs, ces simples causeries ne peuvent avoir qu'une prétention : solliciter la pensée. Les faits parlent assez haut d'eux-mêmes pour que je laisse à chacun le soin d'en tirer, à son gré, toutes les conséquences.

Un mot de réponse maintenant à la seconde question : Quelle est l'utilité de l'Astronomie au point de vue des intérêts purement matériels?

Certes, s'il me prenait la fantaisie de publier, comme tant d'autres l'ont fait dernièrement, *ma brochure* [1], et de lui donner ce titre paradoxal :

Influence des ÉCLIPSES DES SATELLITES DE JUPITER *sur le prix du coton, du sucre ou du café,*

Je risquerais fort de passer pour un fou, et plus d'un lecteur charitable serait tenté de solliciter mon entrée aux Petites-Maisons. Et cependant je ne dirais pas toute la vérité sur ce sujet, mais à coup sûr je dirais la vérité.

____

1. La première édition de cet opuscule a été publiée en 1861.

1.

Maintenant, que je transforme ma proposition en cette autre :

Du perfectionnement de la navigation au long cours, dans ses rapports avec les intérêts commerciaux des Deux Mondes,

Et tous ceux qui riaient si fort tout à l'heure m'auront bientôt compris. Or ces deux propositions sont corrélatives, et la première n'est qu'un cas particulier de la seconde. Veuillez pour vous en convaincre me suivre un instant.

La première condition de sécurité d'un navire en pleine mer, abstraction faite des intempéries de toute sorte, c'est — tout le monde le comprendra — la nécessité de connaître sa route aussi exactement que possible; dès lors, de déterminer à chaque instant le lieu précis du globe où il se trouve. Or, comme l'uniformité des plaines maritimes n'offre le plus souvent aucun point distinctif ou saillant, c'est dans l'aspect varié des phénomènes célestes qu'on a dû chercher un point de repère.

La position d'un lieu sur le globe terrestre est déterminée par deux éléments : la *longitude*, occidentale ou orientale, comptée à partir d'un méridien fixe, celui de Paris, par exemple; la *latitude*, boréale ou australe, comptée à partir du cercle de l'équateur. Tout cela s'apprend en géographie.

Un marin doit donc à chaque instant connaître sa longitude et sa latitude.

Eh bien, c'est, en premier lieu, par la mesure de la hauteur des étoiles au-dessus de l'horizon qu'il pourra calculer sa latitude. C'est par la position relative du Soleil, de la Lune et de certaines étoiles déterminées, jointe à la connaissance de l'heure de Paris ou d'un autre point déterminé du globe, donnée par un bon chronomètre, qu'il arrive à calculer sa longitude. Tous les phénomènes dont l'Astronomie apprend à déterminer avec précision l'époque, comme les éclipses de soleil ou de lune, le passage derrière le disque lunaire d'étoiles ou de planètes, — ce qu'on nomme des occultations, — ou encore les éclipses des satellites de Jupiter, peuvent servir au même but. Le firmament est ainsi comme une grande horloge dont les astres mobiles sont les aiguilles indicatrices, avec cette circonstance que l'heure, marquée au même instant physique, varie à mesure que change le lieu où l'on observe.

Et comme des formules algébriques lient les longitudes et les latitudes terrestres avec toutes les données des phénomènes et du temps, on peut entrevoir l'indispensable utilité des observations astronomiques pour les voyages maritimes. Des instruments spéciaux, tels que le sextant, servent à ces observa-

tions. Je vous ferai grâce des instruments et des formules.

Ce que je tiens à faire comprendre, c'est que de
la perfection des *Tables astronomiques* à l'usage des
marins dépend l'exactitude de la détermination du
lieu précis du globe où se trouve un navire, par
suite, celle de la direction qu'il doit suivre pour atteindre le but de son voyage. D'une erreur dans les
Tables résulte nécessairement une indication fausse.
De là, pour le marin, perte de sa route, possibilité de
donner contre un écueil, insécurité de la navigation
au long cours[1], et, pour parler plus net, impossibilité
de cette navigation.

Le commerce inter-océanien n'est donc devenu
régulier et facile que grâce à la formation des *Tables*
à l'usage des navigateurs, et ces tables, connues en
France sous le nom de *Connaissance des temps*, en
Angleterre sous celui de *Nautical almanac*, n'ont pu
être calculées qu'à l'aide des découvertes astronomiques les plus élevées, des progrès mathématiques
les plus transcendants, enfin, du perfectionnement

---

1. Le cabotage lui-même tire, des connaissances astronomiques
et des tables, des avantages que ne dédaignent point les marins
intelligents. Aussi, le grade de capitaine au cabotage ne s'acquiert-
il plus aujourd'hui qu'à la suite d'examens ayant pour objet de
constater l'instruction scientifique et pratique des candidats.

le plus savamment imaginé des grands instruments des observatoires.

Si donc les deux Amériques, l'Océanie, les archipels des Antilles, et tant d'autres colonies versent aujourd'hui sur nos marchés les trésors de leurs productions; si, grâce à ces dernières, vous obtenez à bon marché les jouissances du luxe, le coton, le café, le sucre, remerciez-en les savants qui ont fait de l'Astronomie la plus parfaite et la plus magnifique des sciences. Saluez les grands noms des Galilée, des Copernic, des Képler, des Newton, des Laplace, des Herschel, des Arago, et de tant d'autres qui m'échappent, mais que la postérité n'oubliera jamais!

DEUXIÈME CAUSERIE

—

Au lieu d'effleurer en passant, comme je viens de le faire, la question de l'utilité de l'Astronomie, au double point de vue des idées et des intérêts matériels, j'aurais pu, entrant dans de plus grands détails, donner à mon sujet toute l'étendue qu'il comporte, montrer les applications de cette belle science à la division du temps, à la haute horlogerie, aux calendriers, à la topographie, à la formation des bases du cadastre.

Mais n'aurais-je pas ainsi dépassé mon but? N'aurais-je point fatigué ceux d'entre mes lecteurs qui sont familiers avec ces connaissances, sans pour cela me faire lire des autres?

D'ailleurs, je le répète, l'occasion se présentera,

dans le courant de nos pérégrinations et de nos causeries, de revenir sur cette matière. Alors, vous le verrez, les réflexions se presseront en foule et découleront naturellement du sujet, philosophiques et morales, pratiques ou spéculatives, poétiques et religieuses. Pour moi, je me bornerai, autant que faire se pourra, au rôle de simple cicerone.

Cela dit, j'entre en matière sans plus tarder.

Laissant d'abord de côté notre globe natal, la Terre et ses habitants, nous allons parcourir d'un vol rapide le champ tout entier de l'Astronomie, c'est-à-dire la portion de l'Univers accessible à notre vue, agrandie par la puissance de pénétration des instruments d'optique.

Nous pourrons, de la sorte, nous rendre compte de la position que notre Terre occupe dans le monde, du système de corps célestes dont elle fait partie, des mouvements de tous ces corps et des dimensions de l'Univers visible. Toutefois, au moment de nous embarquer pour ce grand voyage, il importe que nous nous familiarisions avec une idée qui n'a plus rien aujourd'hui d'étrange, mais qui eût autrefois scandalisé bien des honnêtes gens. La Terre que nous habitons fait partie du Ciel lui-même ; elle n'est autre chose qu'un des astres, et des plus infimes, qui en peuplent l'immensité.

Arrêtons-nous un instant sur ce fait, dont la réalité n'est pas plus contestable qu'un axiome de mathématiques. C'est un fait connu des gens instruits et de bien d'autres ; mais, en dépit de l'enseignement des écoles et des colléges, en dépit des livres de science, l'illusion de nos sensations journalières nous le rend, sinon difficile à comprendre, du moins malaisé à bien sentir. On nous parle si souvent, dans notre éducation semi-mystique et religieuse, du Ciel et de la Terre comme de deux régions opposées ; on attribue si nettement à l'un une position supérieure, à l'autre une position moyenne, tandis qu'au-dessous règnent les sombres abîmes ; d'autre part, l'apparente immobilité des objets situés près de nous sur le sol forme un contraste si grand avec la fluidité de l'espace qui s'étend sur nos têtes, qu'invinciblement nous séparons la Terre du Ciel.

Eh bien, c'est une vérité dont il faut nous pénétrer, que nous devrons avoir sans cesse présente à la pensée : à savoir que la Terre nage dans le Ciel, emportant avec elle, dans sa course, les objets inanimés ou vivants placés à sa surface, et jusqu'à son atmosphère. Les espaces célestes s'étendent donc au-dessous de la Terre comme au-dessus, en haut, en bas et de tous les côtés. Isolé dans l'espace, comme le ballon léger qui flotte dans l'air, notre globe, à demi éclairé par le Soleil, à demi obscur, un des plus petits parmi les millions de corps qui rayonnent à l'infini leur lumière, nous servira cependant, et d'observatoire pour la contemplation de tant de merveilles, et de terme de comparaison pour mesurer les cieux. A l'aide de ce véhicule commode, nous commencerons nos pérégrinations lointaines; puis nous achèverons de sonder les abîmes et de découvrir les vérités qu'ils recèlent avec le secours de nos sens et de cette parcelle d'intelligence qui nous fait hommes.

C'est ainsi que la science, après avoir détruit les cieux de cristal imaginés par les philosophes de l'antiquité, et dont les voûtes superposées nous laissaient voir les étoiles fixées à leur surface comme des clous d'or, a fini par dissiper les illusions de nos sens. — Au lieu de bornes factices, c'est l'espace infini qu'elle ouvre à notre esprit, à notre imagination, qui trop souvent s'égare à la recherche de l'immuable, de l'absolu. *Incorrupta cœla*, ont dit aussi les anciens : bientôt encore nous verrons ce qu'il faut penser de l'incorruptibilité des cieux, qui s'en est allé rejoindre les mille erreurs, naïves ou niaises, de nos pères, dans l'arsenal usé des métaphores poétiques.

Si du poste où nous a installés la nature, nous jetons un premier coup d'œil sur l'océan fluide qui l'en-

toure, quelle magnificence, quelle variété dans l'é-
clat, dans la couleur, dans la distribution apparente
des feux qui étincellent de toutes parts [1], et que l'é-
clat de l'illumination solaire dérobe seul à nos yeux
pendant le jour.

Des milliers d'étoiles parsèment les profondeurs du
Ciel ; au lieu de milliers, ce sont des millions qui apparaissent aux regards, quand pour amplifier la puissance de la vue simple, l'astronome emploie ses plus
grands instruments. Puis, çà et là, des lueurs blanchâtres, semblables à de petits nuages, et qui se ré-

1. Voyez, dans les soirées qui terminent les jours de fêtes
publiques, voyez la foule se presser dans les rues et les places de
nos grandes villes, avide de jouir du coup d'œil offert par quelques
milliers de jaunes becs de gaz ou de lampions fumeux. Des flots
de curieux accourent de vingt lieues à la ronde, attirés par l'illumination de commande qui est destinée à témoigner de l'allé-
gresse générale. Et personne, parmi tous ces badauds, ne songe
chaque soir à ouvrir ses fenêtres pour contempler la radieuse
illumination du ciel.

Il faut dire, à notre décharge, que, dans nos climats, rare est
le nombre des nuits où le ciel est pur, où la température est assez
clémente pour permettre la contemplation en plein air. Enfin il
faut ajouter que les rues de nos villes, de nos grandes villes surtout, ressemblent plus à des puits ou à des galeries de mines qu'à
des observatoires d'astronomie. Aussi, le reproche ne nous atteint
guère qu'à moitié : voyez plutôt les peuples pasteurs de Chaldée;
vivant dans un pays de plaines, à l'horizon largement découvert,
aux nuits sereines et tièdes, ils furent les astronomes par excellence, à l'époque où ce n'était encore ni une science, ni une
profession.

solvent, quand on les examine au télescope, en d'innombrables étoiles.

Parmi cette multitude d'astres qui semblent conserver pendant des siècles leurs situations relatives,
il en est un petit nombre qui se distinguent des autres
par des caractères tout particuliers : leur lumière
plus tranquille, qui contraste avec la scintillation des
étoiles ; leur déplacement comparativement rapide sur
la voûte céleste et la forme circulaire que présentent
leurs disques dans les lunettes, leurs mouvements dans
des courbes qui ont pour centre le Soleil, c'est-à-dire
l'astre autour duquel notre globe exécute lui-même
sa révolution annuelle ; tels sont les principaux points
qui nous permettent de distinguer un premier système, celui-là même dont notre Terre fait partie.

Au delà, bien au delà de l'espace, immense pourtant, où se meuvent tous les corps du système solaire,
nous découvrirons des myriades d'autres systèmes,
dont le plus considérable, du moins en apparence,
forme tout autour du Ciel une zone brillante que
nous connaissons tous : c'est la traînée lumineuse du
Chemin de saint Jacques, si gracieusement poétisée
par la mythologie grecque qui nous a transmis son
nom moderne, la Voie de Lait, ou encore la *Voie
Lactée*.

Cette immense couronne, divisée en deux branches

sur environ moitié de sa longueur, n'est autre chose qu'une gerbe éblouissante d'étoiles, qu'une distance énorme rapproche et confond à nos yeux. Chacun de ces grains imperceptibles, chaque élément de cette poussière céleste est un soleil, quelquefois, souvent même, un cortége de plusieurs soleils, dont la plupart sont, sans aucun doute, aussi gros, aussi lumineux que le nôtre!

La Voie Lactée forme comme un immense anneau d'apparence nébuleuse qu'on aurait disjoint en partie, à peu près comme ces bagues dont le cordon se dédouble pour porter une pierre précieuse.

Eh bien, c'est vers le centre de cet anneau que nous sommes placés! Quand je dis nous, ce n'est point de la Terre seule que je veux parler, mais du système solaire tout entier, du Soleil, de la centaine de planètes qui l'entourent, des vingt satellites enfin dont notre Lune fait partie.

Le Soleil, en un mot, est une des etoiles centrales de la nébuleuse lactée!

Imaginez donc que, nous élançant bien au delà de cette immense couronne dans les profondeurs de l'espace, nous soyons parvenus à une assez grande distance pour la voir se réduire, selon les lois de l'optique, aux dimensions d'une de ces grandes taches blanchâtres dont le ciel est parsemé. Prenez alors le

télescope et regardez. Voyez-vous cet anneau se résoudre en une infinité de points lumineux? Puis,
à peu près au centre, apercevez-vous cette étoile de
moyenne grandeur [1]? C'est notre Soleil! Ou plutôt
c'est notre monde solaire, puisque Soleil, planètes,
satellites, tout à cette distance se réduit à un point
unique.

Ce résultat, dont l'imprévu étonne toujours qui
l'apprend pour la première fois, n'est pas l'œuvre de
l'imagination d'un poëte. C'est la suite des mesures
les plus précises des astronomes, une conséquence
certaine du jaugeage de la voûte céleste. N'est-ce pas
tout simplement sublime?

Si maintenant nous examinons la nébuleuse immense au sein de laquelle nous sommes plongés, si
le télescope nous montre un à un dans son champ
optique chacun de ses soleils, nous verrons avec sur-
prise un grand nombre d'étoiles, simples lorsqu'elles
sont examinées à l'œil nu ou soumises à un faible

[1]. Disons, une fois pour toutes, que les astronomes distinguent
toutes les étoiles, tant celles qu'on peut voir à l'œil nu que celles
dont l'existence nous est révélée par les instruments, d'après l'intensité de leur lumière. Ils forment de la sorte une série d'environ
dix-sept grandeurs décroissantes. Ces différences d'éclat s'expliquent, soit par les divers éloignements des étoiles, soit par leurs
grosseurs sans doute fort variées, soit enfin par de réelles différences d'intensité dans leur lumière propre.

grossissement, se dédoubler et se résoudre en deux, en trois et jusqu'en six étoiles. Ces groupes de soleils, presque toujours variés de couleur, et que l'on compte aujourd'hui par milliers, se meuvent les uns autour des autres, ou si l'on veut, autour de leur centre commun de gravité[1]. Les étoiles dispersées dans le Ciel et qui ne semblent pas appartenir à la Voie Lactée, offrent le même curieux phénomène. Ainsi l'Étoile Polaire est un de ces soleils doubles; l'étoile Théta d'Orion est sextuple.

Or, chose digne de remarque, les mouvements de ces soleils s'exécutent d'après les lois mêmes qui régissent notre monde planétaire : on connaît déjà pour un assez grand nombre la durée de leurs révolutions.

Et, par une conséquence que nous chercherons plus loin à faire comprendre, on a pu déduire de leurs mouvements, leurs masses, leurs poids relatifs[2]. L'Astronomie en est donc arrivée à ce point, de

1. Le nombre total des étoiles doubles, aujourd'hui recensées, s'élève à plus de six mille pour le ciel entier. Tout récemment encore, la plus brillante étoile des deux hémisphères, Sirius, a été décomposée en deux soleils distincts.

2. Rien n'étonne plus les personnes étrangères aux questions de mécanique céleste que la prétention, d'ailleurs très-bien justifiée, de la science, de donner la masse ou le poids d'un corps céleste. Nous essayerons plus tard, quand nous aurons à parler de l'attraction, de la pesanteur, de faire comprendre tout au moins la possibilité du problème.

peser les soleils qui nous envoient leur lumière à des
milliards de lieues de distance, comme elle avait déjà
pesé le Soleil, la Terre et les planètes !

Ainsi cette voûte du ciel dont les points brillants,
les planètes exceptées, semblent immobiles, et conservent entre eux des positions relatives, en apparences fixes, cette voûte, dis-je, est en perpétuel
mouvement dans chacun de ses points.

Bien plus, en dehors de ces mouvements de révolution, l'observation a constaté de nombreux mouvements de translation. Un grand nombre de ces mouvements sont réels. La majeure partie des autres
s'exécute en ligne droite, de sorte que ces astres défi-
lent avec une majestueuse lenteur devant nous, passagers à bord d'un navire céleste, comme les arbres
et les objets de la rive semblent fuir derrière un
bateau.

Ainsi le système solaire, pareil à une flotte immense, navigue dans les profondeurs du Ciel, et l'on
a pu, de milliers d'observations de ce genre, déduire
la direction de ce grand mouvement de translation.
C'est vers la constellation d'Hercule que notre Soleil
dirige sa course mystérieuse, et — Terre, planètes,
satellites et comètes — entraîne tout avec lui !

Quel est l'astre, ou mieux peut-être, quel est le
groupe vers lequel nous gravitons ainsi ? On l'ignore ;

le saura-t-on jamais? Le mouvement qui nous entraîne n'en est pas moins certain, et les astronomes
ont pu, par la mesure du déplacement des étoiles qui
rend sensible ce mouvement même, en calculer approximativement la vitesse.

Où allons-nous? . . . .

. . . . ;

Je laisse maintenant à votre imagination le plaisir
de voyager à travers l'espace sans bornes. Fiez-vous à
la locomotive! Elle n'a pas déraillé de mémoire de
soleil!

Mais avant de vous mettre en route, veuillez me
permettre quelques observations. Ce sera, si vous
voulez bien, la moralité de notre présente causerie.

Il est de la nature de l'esprit humain de rapporter
tout à l'homme. Et, pour ce qui concerne son domi-
cile, de tout rapporter à la Terre. On a dit sans raison : *les sens nous trompent*. C'est une erreur, les
sens nous transmettent, lorsqu'ils sont en état de
santé, leurs impressions avec exactitude. C'est notre
jugement qui nous trompe, lorsque nous nous abste-
nons de soumettre nos sensations et les idées qui en
dérivent aux lois de la logique, ou, si vous aimez
mieux, du bon sens.

C'est ainsi que la Terre, écrasant notre petite personne de ses colossales dimensions, nous semble d'abord la plus imposante des masses ; tandis que le raisonnement, basé sur les lois de la géométrie et de l'optique, n'en fait plus qu'un grain de sable en comparaison des masses solaires. Nos sens nous trompaient-ils ? Non. Mais nous en tirions d'abord, par un jugement erroné, de fausses conséquences. La science, la méthode, réformant nos jugements, viennent corriger notre première erreur.

Par une semblable illusion, les cieux nous semblent immobiles, exécutant à nos yeux, et tout d'une pièce, leur mouvement quotidien. Aussi la poésie religieuse nous représente-t-elle la voûte du firmament comme l'image du calme, du repos absolu. Rien n'est plus contraire à la vérité. La Terre n'est pas plus immobile que la multitude des grands corps qui peuplent le Ciel, et les étoiles prétendues *fixes* sont perpétuellement entraînées dans leurs évolutions immenses.

Tout se meut dans la nature ; à la surface du globe tous les phénomènes sont des phénomènes de mouvement ; mouvements variés qui se transforment les uns dans les autres, mouvements vibratoires, de rotation, de translation. Pas une molécule qui soit en repos. Pas un atome qui n'oscille tout au moins dans une certaine sphère.

Pareillement, aucun corps céleste qui ne se meuve, autour de son axe d'abord, puis autour de son foyer d'attraction, pour être en même temps emporté avec son système dans quelque immense orbite.

Si les observations nous conduisent à la découverte du mouvement du système solaire dans la direction de la constellation d'Hercule, si les lois de la mécanique céleste nous obligent à en imaginer le foyer soit dans un astre énorme, soit, comme il est plus probable, dans un groupe d'étoiles, les mêmes lois nous conduisent, par une analogie irrésistible, à faire mouvoir ce centre lui-même, puis enfin la nébuleuse lactée et toutes les autres nébuleuses, sans que nous sortions pour cela des bornes de l'univers visible.

Spectacle grandiose ! conception sublime, que l'homme a pu former seul, avec le secours de ses faibles sens, de son industrie, de sa raison ! résultat d'autant plus admirable que les préjugés, les croyances surannées, les traditions de l'enfance de l'humanité se sont perpétuées jusqu'à nous avec un caractère sacré de révélation surnaturelle !

Ainsi, le mouvement est la loi même de l'être. Ne nous étonnons donc point des agitations de la vie publique et privée ! Efforçons-nous seulement de combiner nos efforts, de leur donner une tendance légitime vers un but défini, et corrigeons dans la pratique les erreurs de notre imagination par les règles rigoureuses d'une logique sévère.

La science, même en dehors de son utilité positive, est donc douée, pour qui veut réfléchir, d'une autre sorte d'utilité que je nommerais philosophique, si je ne craignais de me servir d'un mot trop ambitieux. Elle est une école méthodique où l'on peut aiguiser ses armes au profit du progrès de l'humanité, en même temps que se distraire des agitations sociales.

Puis, elle élargit le cercle de nos idées, assigne à la pensée son véritable domaine, dissipe les fantômes de la superstition, sans rien faire perdre au sentiment du beau, du prestige de l'imagination et de la poésie.

TROISIÈME CAUSERIE

Lorsque Fontenelle, dans son charmant ouvrage
de la Pluralité des mondes, émettait l'hypothèse,
hardie pour son siècle, de la possibilité que les planètes fussent habitées, il n'osait sortir encore de
notre monde solaire, et cela se conçoit. Bien étrange
cependant dût paraître cette idée, qui renversait
toutes les idées reçues ! La tradition n'apprenait-elle
point à nos pères que la Terre est l'unique habitation
des êtres vivants dans l'Univers; que tout a été fait
pour elle, et que les étoiles et la Lune existent uniquement pour réjouir la vue de l'homme et orner le

spectacle des nuits ; que le Soleil, l'unique soleil, qui
fut assez bon pour arrêter un beau jour sa course
quotidienne, avait été créé et mis au monde pour
mûrir les moissons de l'homme? Quel bouleverse-
ment dans le domaine de la foi traditionnelle que
d'admettre l'existence, dans Vénus, dans Jupiter et
tutti quanti, d'humanités aussi raisonnables ou aussi
folles que la nôtre ! Fontenelle, je vous le laisse à
penser, n'ébranlait-il point ainsi les bases de l'auto-
rité et les fondements de l'ordre social ? Qu'allaient
devenir vos mœurs si pures, charmantes marquises,
si vous quittiez les élégants boudoirs du siècle élé-
gant de Louis XV, et vos séduisants manéges, et votre coquetterie gracieuse, pour fatiguer vos beaux
yeux à lire de si philosophiques impiétés ?

Eh bien, n'en déplaise à M. Capefigue, le cham-
pion et le réhabilitateur de madame de Pompadour,
Fontenelle a été lu, goûté, applaudi, sans dommage
pour les mœurs, bien au contraire : aujourd'hui il
n'effraye plus personne, et si son livre, à la fois sé-
rieux et léger, ne se lit plus guère, c'est parce que la
science nous a conduits bien plus loin encore. Mes
lecteurs en vont juger comme moi.

Le Soleil ! Quand on prononce ce nom sonore, il
semble qu'il s'agisse d'un être unique, qui est comme
la personnification de la lumière, de la chaleur, de

la fécondité. Le sentiment qu'on éprouve alors nous fait, jusqu'à un certain point, comprendre le culte voué à l'astre radieux par tous ou presque tous les peuples des âges primitifs. Or, cette idolâtrie, à tout prendre, grandiose, était fondée sur l'ignorance de la constitution de l'Univers. Le Soleil n'est point unique de son espèce; le mot qui le désigne n'est plus un nom *propre*, mais un simple nom *commun*, pour celui qui, s'élançant au delà de notre monde planétaire, a pu faire connaissance avec les régions lointaines du ciel visible. Des milliards d'êtres identiques peuplent l'étendue de l'espace. A part les planètes, qui se distinguent, on l'a vu, par l'absence de scintillation et par un mouvement propre autour d'un corps central, tous les points brillants dont le Ciel est parsemé sont autant de soleils.

Ce qui caractérise notre Soleil, ce qui le distingue des corps semblables à la Terre, comme les Planètes ou notre Lune, c'est qu'il brille de sa lumière propre, tandis que Jupiter, par exemple, nous renvoie par réflexion la lumière même du Soleil. Or, tel est précisément le caractère spécial de la lumière stellaire; les étoiles nous éclairent de leur propre lumière, qu'elles n'empruntent donc point au foyer de notre système, comme les planètes, et comme la Terre elle-même.

Voici une preuve bien simple de ce fait :

On sait aujourd'hui, — dans une prochaine causerie je m'étendrai sur ce point, — on sait, dis-je, que les étoiles les plus voisines sont à une distance de nous au moins égale à deux cent mille fois la distance du Soleil à la Terre. La plupart sont à des distances incomparablement plus grandes. Or, que deviendrait, pour un pareil éloignement, la lumière du Soleil, réfléchie par un corps obscur semblable à l'une de nos planètes? C'est là une question que les lois de l'optique nous permettent de résoudre avec facilité.

En effet, le calcul prouve que notre Soleil, reculé à une pareille distance, présenterait, au maximum, l'éclat d'une étoile de deuxième grandeur : il n'éclairerait donc les étoiles les plus voisines supposées des corps obscurs, que comme une des étoiles de la Grande Ourse, par exemple, pourrait à elle seule éclairer la Terre. Comment une si faible lumière, après avoir parcouru une seconde fois la même distance, pourrait-elle produire à nos yeux l'éclat des étoiles même les plus faibles, à plus forte raison, la lumière éblouissante de Sirius, de Wéga, d'Alpha du Centaure?

Ainsi, je le répète, les étoiles sont des soleils. La portion de l'Univers accessible à notre vue nous pré-

sente des milliers, des millions d'astres semblables :
les uns, isolés comme le nôtre; les autres, groupés
par deux, par trois, par quatre; ailleurs enfin for-
mant des groupes nombreux, des cortéges de soleils
exécutant, d'après des lois invariables, leurs mouvements réciproques. Sans doute, la plupart ont pour
fonction de donner la lumière, la chaleur et la vie,
à d'autres corps obscurs qui gravitent autour d'eux,
mais que leur petitesse, l'éclat relativement faible de
leur lumière réfléchie, leur distance enfin, ne nous
laissent pas espérer d'apercevoir jamais.

Mais dans cette multitude de soleils, quelle variété
prodigieuse !

Variété au point de vue de l'éclat, de la grandeur d'abord, comme on dit en style d'astronome;
ce qui, par parenthèse, n'entraîne aucune rigoureuse conséquence, soit sur la grosseur réelle des
soleils, soit sur leurs distances comparatives à notre
Terre.

Variété sous le rapport de la couleur. Étoiles blanches, bleu clair, bleu sombre, grenat, orangé, rouges, verdâtres : toutes les couleurs et toutes les nuances s'y trouvent, soit isolées, soit en combinaison par
groupes de soleils. Et ces couleurs ne sont pas
des illusions, des effets d'optique ; des expériences
simples et concluantes ont établi d'une manière irré-

futable, que ce sont bien là les réelles couleurs de leurs rayons lumineux.

Parmi la multitude d'étoiles visibles, c'est la couleur blanche et la couleur bleue qui dominent.

Enfin il est rare qu'un soleil double ait ses deux étoiles composantes d'une même couleur. On y rencontre fréquemment associées les teintes suivantes : blanc et bleu, jaune et bleu, rouge et bleu sombre, blanc et pourpre, rouge et vert, enfin rouge foncé et bleu. Gamma du Lion est une étoile double, dont l'un des soleils est jaune d'or, tandis que son compagnon est vert rougeâtre. Les deux étoiles composantes de Bêta du Cygne sont, l'une jaune, l'autre bleu de saphir.

Je laisse au lecteur le soin d'imaginer les curieux effets de lumière que peut produire pour l'habitant d'une des planètes de Gamma d'Andromède la présence isolée ou simultanée des trois soleils de son système, dont l'un présente la couleur de l'orangé le plus beau, dont les deux autres sont d'un vert d'émeraude magnifique. Des jours blancs, bleus, rouges ou verts, se succèdent dans ces mondes qu'éclairent deux ou trois soleils, tantôt séparément, tantôt deux à deux, tantôt tous à la fois. Il en résulte que leurs lumières, ou bien apparaissent isolées, ou bien y combinent leurs nuances.

Cela ne rappelle-t-il pas encore la belle strophe du poëte :

> L'astre-roi se couchait : calme, à l'abri du vent,
> La mer réfléchissait ce globe d'or vivant,
>   Ce monde, âme et flambeau du nôtre ;
> Et dans le ciel rougeâtre et dans les flots vermeils,
> Comme deux rois amis, on voyait deux soleils
>   Venir au-devant l'un de l'autre.

Seulement la belle image qui termine ces vers n'est plus une apparence dans l'un des mondes dont nous parlons : c'est un fait réel que doit rendre plus curieux encore la diversité de nuances dans la lumière de leurs soleils.

Nous avons constaté dans notre précédente causerie que l'immobilité des soleils n'est qu'apparente, qu'ils se meuvent tous, au contraire, en plusieurs sens avec d'effroyables vitesses, et que le ciel, dont l'image nous semble celle du repos, est le théâtre des évolutions les plus rapides dont nous ayons jamais eu l'idée. Je ne mentionnerai qu'en passant, parmi ces mouvements, ceux qui entraînent les uns autour des autres les soleils des systèmes doubles ou multiples, et dont la durée donne jusqu'à d'immenses périodes de cinq à six siècles. Mais je m'arrêterai sur un phénomène peu connu en dehors de la science. Je veux parler de la variabilité des étoiles, soit dans leur éclat, soit dans leur couleur.

Et d'abord des étoiles nouvelles ont apparu ; puis successivement, diminuant de grandeur, elles ont fini par disparaître. Telle est l'étoile de 1572, observée par Tycho-Brahé. « Apparue subitement dans le ciel, avec un éclat qui surpassait celui de Sirius, de la Lyre, de Jupiter, — c'est Tycho lui-même qui parle, — on ne pouvait la comparer qu'à Vénus, à sa plus grande proximité de la Terre. Après avoir diminué progressivement pendant près de deux années, elle passa d'une lumière blanche à la couleur rouge, puis au jaune, et reprenant sa primitive couleur, elle disparut. »

Pendant les dix-sept mois de cette apparition si étrange, elle conserva la même position dans le ciel.

D'autres, comme Hêta d'Argo, éprouvent des variations d'intensité extrêmement rapides et irrégulières. Parmi les étoiles doubles, on a constaté le phénomène encore inexpliqué du changement de couleur : des étoiles autrefois blanches, jaunes d'or ou rouges, sont vertes aujourd'hui.

Enfin les étoiles dites *périodiques*, parce qu'elles éprouvent, dans des périodes régulières et déterminées, soit des changements d'éclat, soit des disparitions, sont inscrites en assez grand nombre sur les catalogues des astronomes.

Les unes, comme l'étoile Omicron de la constellation de la Baleine, ont une période de plus de trois cents jours; les autres, comme Algol de la Tête de Méduse, passent par toutes leurs phases de variabilité dans une période qui ne dépasse guère deux fois vingt-quatre heures [1].

Maintenant, comment expliquer ces étonnantes variations? Est-ce par des rotations qui nous font voir tour à tour des faces plus ou moins brillantes de ces corps? Est-ce par des révolutions de corps opaques qui viennent périodiquement éclipser par degré chacun de ces soleils? Faut-il, comme Maupertuis, admettre que ces phénomènes s'expliquent par la forme aplatie des étoiles qui se présentent à nous, tantôt par leurs faces les plus larges, tantôt par la tranche? Est-ce enfin, comme on l'a supposé, par des interpositions de nuages cosmiques, d'épaisseur plus

1. Près de trente étoiles variables ont une périodicité reconnue, mesurée. Pour beaucoup d'autres, la période est incertaine. Enfin, pour citer en terminant un phénomène remarquable, auquel j'ai fait allusion plus haut, disons qu'une des étoiles du Navire, Hêta d'Argo, subit depuis 1677 d'étranges métamorphoses. De la quatrième grandeur, elle a mis quatre-vingts ans à passer à la seconde, pour revenir en 1811 à son premier éclat; seize ans après, elle égalait une des plus brillantes étoiles du ciel austral, Alpha de la Croix, puis revenait l'année suivante à la seconde grandeur, pour atteindre enfin, d'abord en 1838, puis en 1843 et jusqu'en 1850, son maximum d'éclat égalant Sirius.

ou moins variable? Peut-être ces diverses causes agissent-elles çà et là, suivant les astres que l'on considère.

Ce sont d'intéressantes questions que la science ne tranche point encore, parce que, différente en cela de bien des doctrines, elle attend, pour affirmer une loi, que l'observation, l'expérience, la logique la plus rigoureuse enfin aient prononcé.

Mais quelle que soit la cause de ces phénomènes, quel essor ne donnent-ils pas à l'imagination? Comme la pensée humaine, en scrutant ces immenses problèmes dont le secret est à des milliards de lieues de nous, sent s'élargir le champ de ses méditations! Et comme, en rapetissant nos individualités sous le rapport des dimensions matérielles, de tels résultats justifient le noble orgueil d'avoir déjà reconnu, calculé, approfondi tant de mystères avec le secours de notre raison! Ne l'oublions jamais, c'est la raison échauffée par le cœur, élevée par la contemplation des grandes choses de la nature, qui seule peut, dans les revers et les désillusions de l'histoire de chaque jour, relever nos esprits, stimuler nos courages et nous maintenir, hardis et confiants, à notre tâche, dans le grand atelier de l'émancipation universelle.

Mais revenons à nos soleils. C'est parmi les étoiles doubles, multiples, que les couleurs verte et bleue se rencontrent le plus fréquemment. On s'est demandé si les étoiles bleues ne sont pas des soleils en voie de décroissance, des soleils qui peu à peu s'éteignent; ou si la combustion des enveloppes gazeuses qui les entourent ne s'y opère pas à divers degrés d'intensité. On sait qu'un gaz en ignition dont la condensation s'affaiblit passe à la couleur bleue.

Pour bien comprendre tout l'intérêt que de pareils phénomènes doivent inspirer aux habitants de notre planète, il faut avoir présente à l'esprit cette vérité que j'inscrivais au début de cette causerie : Les étoiles sont des soleils qui ont avec le nôtre une analogie évidente. On peut donc admettre que notre propre Soleil a pu présenter, et pourra dans l'avenir subir encore, dans sa lumière, dans sa chaleur, des variations d'intensité pareilles. « Quoi de plus curieux, dit Arago, que de savoir si les millions de soleils dont l'espace est parsemé, et dès lors si notre Soleil, sont arrivés à un état permanent; si les hommes doivent compter sur une durée indéfinie de la chaleur bienfaisante qui entretient la vie à la surface le la Terre ; s'ils ont à craindre des changements d'intensité lumineuse ou calorifique, rapides, brusques, mortels. » D'autre part, Humboldt, s'attachant à la même pensée, s'exprime ainsi dans son *Cosmos* : « Si notre Soleil a éprouvé des variations semblables

(celles de Hêta d'Argo), ou seulement une faible partie des changements d'intensité dont nous venons de
donner le tableau (et pourquoi serait-il différent des
autres soleils?), de pareilles alternatives d'affaiblissement et de recrudescence dans l'émission de la lumière et de la chaleur peuvent avoir eu les conséquences les plus graves, les plus formidables mêmes
pour notre planète; elles suffiraient amplement à expliquer les anciennes révolutions du globe et les plus
grands phénomènes géologiques. »

Si maintenant, du monde des étoiles isolées ou
multiples, vous voulez passer avec moi à celui des
nébuleuses, vous rencontrerez des transformations
non moins extraordinaires, des phénomènes plus
étranges encore; vous assisterez pour ainsi dire à la
création.

Le nom de *nébuleuses* s'applique également à des
amas considérables d'étoiles, condensées par la distance, et à des taches blanchâtres diffuses qui ne paraissent pas, malgré les plus forts grossissements, devoir se résoudre en étoiles distinctes.

La Voie Lactée, dont nous avons parlé dans notre
dernière causerie, est une nébuleuse stellaire; mais
ce n'est pas la seule, et pour ne parler que de l'hémisphère boréal, principalement visible pour nous
autres habitants d'Europe, on évalue à plus de onze

cents le nombre des nébuleuses que l'observation y a constatées, et qui sont perceptibles soit à l'œil nu, soit à l'aide des télescopes [1].

Elles affectent les formes les plus diverses ; les unes allongées et presque rectilignes, les autres en forme de spirales, en forme d'anneau ou d'éventail.

La forme circulaire, qui en réalité est sphérique ou globulaire, est la plus générale.

C'est une nébuleuse de ce dernier genre qui a fourni à l'observation, dans un espace qui n'est pas égal au dixième du disque lunaire, le nombre prodigieux de vingt mille étoiles.

Parmi les nébuleuses diffuses, et qui paraissent vraisemblablement des amas de matière cosmique à divers états de condensation, les formes les plus bizarres, les plus tourmentées se présentent à l'œil de l'observateur.

Tout semble démontrer que la loi de l'attraction universelle, qui régit tous les astres connus, planètes, comètes et soleils, détermine aussi les mouvements de ces masses immenses. De là des condensations successives, des formations de centres où affluent la lumière et la matière, en un mot, la création de véritables mondes.

---

1. On connaît plus de 3,600 nébuleuses dans le ciel entier.

Dans certaines nébuleuses diffuses, le noyau est unique, environné d'une couronne de matière gazeuse ; dans d'autres, les points centraux sont doubles ou multiples. « Tous ces états de la matière nébuleuse indiqués par la théorie, dit Arago dans son *Astronomie populaire*, l'observation les avait révélés d'avance. L'accord est aussi satisfaisant qu'on puisse le désirer. Seulement, au lieu de suivre les transformations pas à pas dans une nébuleuse unique, on en a constaté la marche et les progrès par des observations d'ensemble. N'est-ce pas ainsi qu'opère le naturaliste quand il est forcé de décrire, pour tous les âges, le port, la taille, les formes, les apparences extérieures des arbres composant les forêts qu'il traverse rapidement? Les modifications qu'un très-jeune arbre éprouvera, il les aperçoit d'un coup d'œil, nettement, sans aucune équivoque, sur les pieds de la même essence arrivés déjà à des degrés de croissance et de développement plus complets. »

Ainsi, grâce aux magnifiques découvertes d'une admirable science, nous pouvons assister à la sublime épopée de la création. La création, dont nos étroites idées avaient voulu faire un drame d'un jour, est perpétuelle et continue. Dans les soleils, nous pouvons assister à la décadence des mondes qui meurent. Les mondes qui naissent, nous les trouvons dans les évolutions des nébuleuses. La vie, la mort, phases diverses des transformations de l'être ! L'immobilité, la destruction absolue ne sont nulle part !!!

N'avais-je pas raison de dire que l'idée de l'incorruptibilité des cieux était décidément reléguée au rang des vieilleries scolastiques? Bien loin d'être immuables, le Ciel et les corps qui le peuplent sont dans un état de changement perpétuel, qui se révèle à nous, à la distance où nous en sommes, par des modifications dans la lumière, dans la couleur, par des apparitions, disparitions ou réapparitions tantôt subites et irrégulières, tantôt lentes et périodiques.

En présence d'un pareil tableau, l'intelligence comprend et admire ces paroles du grand physiologiste Carus :

« La nature est ce qui croît et se développe perpétuellement, ce qui n'a .de vie que par un changement continu de forme et de mouvement intérieur. »

Et ces paroles, non moins belles, extraites du *Cosmos* de l'illustre Humboldt :

« De l'acte même de la création, d'une origine des choses considérées comme la transition du néant à l'être, ni l'expérience ni le raisonnement ne sauraient nous en donner l'idée. »

QUATRIÈME CAUSERIE

—

Revenons un peu sur la Terre, et contemplons de
cet observatoire mobile la sphère où se meuvent les
systèmes de soleils. Nous n'en avons exploré que les
régions accessibles à nos regards, régions dont les
bornes apparentes reculent sans cesse, à chaque nouveau perfectionnement des merveilleux appareils qui
servent à en pénétrer les profondeurs infinies. Nous
n'avons encore de la distance qui nous sépare de ces
agglomérations de mondes qu'une idée vague. Et cependant la vue de ce grandiose spectacle, le sondage
de ces abîmes suffisent pour donner le vertige à nos
sens et à notre imagination !...

C'est le moment d'appeler votre attention sur une

vérité qui peut sembler, au premier abord, dépasser toutes les bornes de la vraisemblance, bien qu'elle soit la conséquence logique de deux faits incontestables et dès longtemps incontestés. Ces deux faits, sur lesquels nous nous arrêterons un instant, sont, d'une part, l'immensité des dimensions de l'Univers visible; d'autre part, la non-instantanéité de la propagation des rayons lumineux.

Des méthodes géométriques, fort simples en principe, mais minutieuses et délicates dans leurs applications, ont permis aux astronomes de mesurer successivement les distances qui nous séparent de quelques-uns des corps célestes. Ce n'est pas le lieu, dans ces simples causeries, de décrire ces méthodes, dont je me réserve ailleurs de faire comprendre l'esprit. Qu'il nous suffise aujourd'hui de savoir qu'en prenant pour unité de longueur le demi-diamètre du globe que nous habitons, c'est-à-dire plus de six mille kilomètres, la distance qui nous sépare du foyer de notre système est mesurée par près de vingt-quatre mille de ces unités, plus de trente-quatre millions de lieues.

Eh bien, la distance où nous sommes des étoiles les plus voisines est si considérable, qu'il a fallu prendre cette énorme base de vingt-quatre mille rayons terrestres pour terme de comparaison, pour unité nouvelle.

Tracez maintenant en pensée, autour de la Terre prise comme centre, une sphère idéale dont le rayon embrasse deux cent mille fois la distance du Soleil à la Terre. Aucune des étoiles visibles n'est contenue à l'intérieur de cette sphère; toutes sont situées au delà de sa surface. Citons quelques nombres :

Alpha du Centaure dépasse l'effroyable distance qu'on vient de lire de trente mille fois la distance du Soleil à la Terre;

Une petite étoile de la Constellation du Cygne — la 61ᵉ — est éloignée de six cent mille fois cette distance.

La Chèvre, de quatre millions cinq cent mille fois, c'est-à-dire de quinze mille cinq cent soixante milliards de lieues, plus de soixante-deux mille milliards de kilomètres.

Tel est le premier fait qui va servir de point de départ à l'étrange idée à laquelle j'ai fait allusion au début de cette causerie. Je parlerai bientôt du second, je veux dire du temps que la lumière met à franchir ces mêmes espaces.

Je réclame maintenant toute votre attention.

Embrassez d'un coup d'œil, en un instant, la voûte du Ciel. Prolongez, si vous voulez, la durée de cet instant : faites-le d'une seconde, d'une minute, d'un quart d'heure, d'une heure, il n'importe; vous aurez ainsi subi presque simultanément l'impression d'une série de phénomènes. Votre œil aura reçu, dans ce court intervalle de temps, une multitude de rayons lumineux émanés de sources multiples. Chacune de ces impressions isolées vous aura transmis, raconté un phénomène isolé. Ici, c'est l'image du disque de Jupiter et de ses quatre Satellites ; là, c'est Saturne et son anneau ; ailleurs, c'est la grande nébuleuse du trapèze d'Orion ; là, enfin, Sirius, les étoiles doubles, triples et leurs mouvements, etc., etc..... Que vous perceviez distinctement ou confusément tous ces objets, cela ne fait rien au point qui nous occupe.

Or, tous ces phénomènes, dont la vue a lieu chez vous au même instant, qui, par suite, vous semblent se passer au même instant, — celui où vous le voyez, — ne sont pas réellement simultanés. Tous ou presque tous ont lieu à des époques différentes, antérieures, bien entendu, à celle de leur perception par vos organes.

Voulez-vous que je rende cette idée plus claire encore ?

Prenons un exemple. Vous avez jeté les yeux sur la 61ᵉ étoile de la constellation du Cygne, je suppose. Au même instant, le télescope vous a fait assister à l'immersion d'un des Satellites de Jupiter dans le cône d'ombre que projette dans l'espace le géant de nos globes planétaires. Vous avez été témoin, par le fait, de deux phénomènes distincts : l'un peint dans votre cerveau le commencement d'une éclipse, l'autre vous donne l'état particulier d'une étoile. Tous deux sont devenus perceptibles par l'arrivée de rayons de lumière émanés respectivement de deux sources distinctes.

Or, il y a, — c'est un calcul que vous ferez facilement dès que vous connaîtrez la vitesse de propagation de la lumière, — il y a, dis-je, entre les moments du départ des uns et des autres de ces rayons l'énorme intervalle de neuf années.

De même, l'immersion du Satellite, en apparence effectuée au moment où votre œil est appliqué à l'oculaire du télescope, l'est en réalité depuis un temps qui peut varier entre trente et cinquante minutes, à peu près, suivant la position relative de la Terre et de Jupiter [1] dans leurs orbites.

En un mot, si nous généralisons cet exemple particulier, nous serons obligés d'en conclure qu'il n'est pas un phénomène céleste qui ait lieu au moment précis où l'aperçoit l'observateur ;

En outre, que deux phénomènes célestes quel-

---

1. La distance moyenne de Jupiter à la Terre est de cinq fois la distance de la Terre au Soleil.

conques, observés au même instant, ont eu lieu en réalité à des époques qui peuvent différer de quelques minutes, de plusieurs années, de plusieurs siècles !

De sorte qu'Arago a pu dire, dans son langage à la fois pittoresque et savant :

« L'aspect du Ciel, à un instant donné, nous raconte, pour ainsi dire, l'histoire ancienne des astres. »

Hypothèse et chimère ! vous écriez-vous peut-être au premier énoncé de cette thèse paradoxale? Eh ! non, ce que je vous dis là est une chose toute simple, évidente, irréfutable, comme toutes les déductions du sens commun.

Mais alors, pourquoi donc cet écart entre la sensation éprouvée, le jugement spontané qui nous fait croire à la simultanéité de ces phénomènes et la thèse énoncée plus haut ?

Pourquoi ? Parce qu'il est naturel, là où les sensations sont assez puissantes pour absorber tout notre être, de laisser aller notre raison à la dérive.

Pourquoi ? Parce que nous avons, d'une part, constaté avec les astronomes l'inégalité des distances des astres à la Terre, et la grandeur considérable de ces distances; et que, d'autre part, la lumière met un temps appréciable pour franchir ces intervalles, et dès lors les franchit en des temps inégaux : vitesse énorme, qui surpasse tout ce que l'expérience a pu nous montrer de mouvements rapides ; vitesse 745,000 fois aussi grande que celle du boulet au sortir du canon, — supposant cette dernière de 400 mètres par seconde, — près d'un million de fois aussi grande que celle des ondes sonores !

En une seconde, un rayon de lumière pourrait donc, s'il se mouvait en ligne courbe, faire sept fois le tour de notre globe terrestre.

Nous allons bientôt voir comment on a constaté et mesuré cette rapide propagation des rayons lumineux. En attendant, un calcul très-simple prouve que la lumière met 8 minutes 13 secondes pour franchir la moyenne distance du Soleil à la Terre, et dès lors, pour nous venir de la 61ᵉ étoile du Cygne, plus de 600,000 fois ce temps.

Prenez la plume, et, si vous en avez le loisir, donnez-vous la peine de faire les calculs. Une simple multiplication vous donnera l'énorme durée d'au moins neuf années.

Ainsi la lumière met neuf ans pour nous venir de la 61ᵉ étoile de la constellation du Cygne, — neuf ans, à raison de 300,000 kilomètres par seconde, — et de Jupiter à nous, de trente à cinquante minutes. Dès lors, concluez. Il y a neuf ans que la lumière qui nous arrive de l'étoile est en route pour nous annoncer l'existence de celle-ci et sa position dans le Ciel, à l'origine du départ du rayon lumineux. Et pour d'autres soleils, ce n'est pas neuf ans, mais douze ans [1], mais un siècle, et qui sait? des milliers, des millions d'années sans doute, sans que nous ayons à sortir pour cela de la sphère de l'Univers visible. Telle étoile pourrait donc disparaître et briller encore à nos yeux pendant longtemps. Telle autre, nouvellement formée, et brillant aux cieux pour la première fois, ne deviendra visible pour nous que dans vingt années; cette étoile enfin, qui resplendit aujourd'hui du plus bel éclat, est peut-être éteinte depuis un siècle.

C'est donc bien positif : nous ne voyons pas le Ciel comme il est, mais comme il était, non pas même comme il était à une époque donnée, mais à la fois à plusieurs époques, à une infinité d'époques données; de sorte que chaque étoile pourrait être annotée d'une date particulière de l'histoire du Ciel. Ici, nous assistons au spectacle d'une nébuleuse contemporaine d'Homère; là, ce soleil nous envoie des feux qui datent de Périclès; la lumière de la Chèvre est en route, depuis notre grande épopée révolutionnaire

---

1. Les rayons que nous envoie Sirius mettent cinquante-quatre ans environ à nous parvenir; ceux de l'étoile La Chèvre près de quatre-vingt-dix ans.

de 92. Et ainsi à l'infini. Spectacle étrange, qui laisse la pensée s'abîmer devant la bizarrerie d'un fait où viennent se confondre à la fois, sans contradiction pour la raison, les temps et les distances !

Et tout cela est basé sur les lois les plus irréfutables de la géométrie et du mouvement, comme sur les plus décisives expériences de physique astronomique.

Inscrivons ici une date mémorable, et le nom d'un savant astronome.

C'est en 1685 que Rœmer déduisit la vitesse de la lumière d'une série d'observations faites sur les éclipses d'un Satellite de Jupiter.

Cette brillante découverte exigeait, pour être faite, deux conditions indispensables. La première, la connaissance exacte, mathématique, des lois du mouvement des corps célestes : Képler, Newton, nous le verrons, s'en étaient chargés. La seconde condition était une grande précision dans les observations de ces mouvements : le perfectionnement des instruments d'astronomie et d'horlogerie permettait de l'obtenir.

La démonstration géométrique de la découverte de Rœmer n'est ni bien longue, ni bien difficile. Mais elle serait déplacée dans cet ouvrage. Ne pourrais-je toutefois vous donner de la méthode employée une idée un peu claire ?

Je vais l'essayer. Laissez-moi vous faire à cet effet une comparaison.

Placez en ligne droite dix personnes, à intervalles égaux de 340 mètres. Munissez chacune d'elles d'une bonne montre à secondes, préalablement réglée sur une horloge unique; et, en ligne droite aussi avec vos dix personnes, établissez une pièce d'artillerie, éloignée de la première personne de 340 mètres, assez élevée seulement pour être visible à tous.

A midi précis, le feu est mis à la lumière, la détonation résonne... Vous avez, j'imagine, recommandé à chacun de vos observateurs de noter l'heure précise à laquelle la lumière frappe sa vue, l'heure exacte aussi où la vibration sonore commence à ébranler son oreille.

Quelles seront leurs réponses?

Vous les devinerez, si vous vous rappelez ce fait, — bien connu en physique élémentaire, — que l'onde sonore met une seconde à transmettre son mouvement vibratoire à la distance de 340 mètres, ou si vous aimez mieux, que le son parcourt cette distance en une seconde, la vitesse de la lumière étant d'ailleurs comme infinie pour de si faibles intervalles.

Ces réponses, les voici :

Tous ensemble auront vu l'étincelle à midi précis. Quant au bruit de la détonation, le premier l'aura entendu à midi et une seconde, le deuxième, à midi et deux secondes... le dixième enfin, à midi et dix secondes.

Or, où est la raison de cette différence? Évidemment, — n'est-ce pas? — dans cette circonstance que le son ne parcourt point les mêmes espaces pour arriver à chacun des dix observateurs; qu'ayant, à partir du premier, à franchir une fois, deux fois.... dix fois 340 mètres, il lui faudra une, deux.... dix secondes pour arriver à l'oreille de chacun d'eux.

Il ne peut y avoir ici l'ombre d'un doute.

Renversez maintenant l'expérience. N'ayez plus qu'un observateur s'éloignant du canon à des distances doubles, triples, etc. Pour plus de vraisemblance, faites tirer de dix minutes en dix minutes, et vous arriverez à ce résultat :

Tandis que les coups de canon se succèdent à intervalles rigoureusement égaux, les détonations, pour l'observateur qui s'éloigne, paraîtront séparées par des intervalles de plus en plus grands : de dix minutes d'abord, de dix minutes et une seconde, de dix minutes et deux secondes, et ainsi de suite.

Maintenant, si votre patience n'est point à bout, suivons le même raisonnement, et, au lieu de l'appliquer au son, appliquons-le à la lumière.

D'abord, l'expérience a prouvé qu'à la surface de

la Terre il n'est possible de rien constater directement [1]. La lumière, n'ayant à parcourir que des distances relativement très-petites, s'y meut pour ainsi
dire instantanément.

Tournant cette difficulté, Rœmer est allé prendre
sa base dans les phénomènes célestes. Pour lui, l'observateur qui s'éloigne, c'est la Terre, se mouvant le
long de son orbite de 34 millions de lieues de diamètre, et s'éloignant ainsi de plus en plus de la planète Jupiter. Les phénomènes qui ont lieu à intervalles fixes et rigoureusement déterminés par le calcul,
ce sont les éclipses successives d'un des satellites de
Jupiter, l'instant, par exemple, des immersions de ce
satellite dans le cône d'ombre de la planète.

La connaissance précise du mouvement de Jupiter

1. Dans ces dernières années, sur les indications de M. Arago,
un habile physicien, M. Fizeau, est parvenu à mesurer directement
la vitesse de la lumière. Il a de la sorte confirmé les résultats des
travaux de Rœmer. D'autres expériences sur la vitesse comparative
de la lumière dans l'air et dans l'eau ont enfin tranché la question de la nature de la lumière en faveur de l'hypothèse des ondulations dont Descartes eut le premier l'idée. L'ensemble des travaux de M. Fizeau a valu à leur auteur le grand prix de 30,000 fr.
décerné par les cinq classes de l'Institut.

Tout récemment enfin M. Foucault est parvenu, à l'aide de délicates
et ingénieuses expériences, à obtenir directement et avec une précision qui surpasse celle des travaux de ses devanciers et des siens
propres, la vitesse de la lumière : il a trouvé que les ondes lumineuses se propagent avec une rapidité de 298,000 kilomètres par
seconde.

et de ses satellites permet de calculer d'avance, à une seconde près, les instants précis de ces immersions successives.

Cela posé, suivez le raisonnement de Rœmer : Si la lumière se meut instantanément, ou, comme on dit, avec une vitesse infinie, il n'y aura aucune différence entre les instants de l'éclipse déterminés par le calcul et les mêmes instants obtenus par l'observation, et cela, quelle que soit la distance séparant Jupiter de la Terre.

Mais si la lumière se transmet dans l'espace avec une vitesse appréciable, il en sera des éclipses successives du satellite, pour la Terre qui s'éloigne, comme des coups de canon pour l'oreille de l'observateur ; elles seront d'autant plus en retard que la Terre se sera éloignée davantage.

Or, c'est ce qui arrive. Rœmer a pu ainsi constater un retard de 16 minutes 26 secondes dans l'observation de l'éclipse d'un des satellites, pour deux positions de notre planète distantes entre elles de tout le diamètre de l'orbite annuelle.

La lumière, — en a-t-il conclu avec justesse, — met donc tout ce temps à franchir ce diamètre, ou environ 34 millions de lieues. C'est 8 minutes 13 secondes pour moitié de cette distance, c'est-à-dire pour venir du Soleil à nous ; — ou, par un calcul des plus simples, environ 75,000 lieues de 4 kilomètres en une seconde. Résultat conforme aux nombres que j'ai cités plus haut.

Vous pouvez voir, cher lecteur, par ce qui précède, que nous mettons à profit les haltes du voyage. Un peu de raisonnement ne messied point à l'occasion, ne fût-ce que pour prouver une fois de plus la merveilleuse puissance de cet instrument, si simple pourtant quand on prend soin de ne pas s'écarter de la méthode.

Les mathématiciens, il est vrai, souriront de notre marche embarrassée, eux qui se seraient contentés de dix lignes et de quelques signes symboliques pour la démonstration que nous avons tenté d'établir.

Mais à chaque chose sa place et son temps.

Je reviens maintenant à notre première idée, à celle que nous avons formulée au début de cette causerie :

« Nous ne voyons pas le Ciel **tel qu'il est**. Nous le voyons **tel qu'il a été**, et non pas à une même époque, mais à une multitude d'époques différentes ! »

Pour bien comprendre la portée philosophique d'un tel résultat, ajoutons que l'état du Ciel, au moins dans sa généralité, n'a pas changé sensiblement depuis les plus anciennes observations astronomiques. Hipparque, qui vivait il y a environ deux mille ans, et dont nous possédons les ouvrages, nous en donne le témoignage positif. Rappelons encore que, d'après Herschel, nous voyons dans les profondeurs des espaces célestes des nébuleuses si éloignées de notre nébuleuse lactée, et à plus forte raison de la Terre, que leur lumière a dû mettre pour arriver jusqu'à nous des millions d'années. D'où résulte de toute évidence que ces gigantesques agglomérations de mondes existent depuis des millions d'années. « La lumière qu'ils ont émise et qui nous parvient aujourd'hui est, en vertu des lois de sa propagation, le témoignage le plus ancien de l'existence de la matière [1]. »

Que deviennent donc, en présence de cette antiquité dont la science démontre aujourd'hui la réalité authentique, et les six mille ans de la Genèse, et les cosmogonies hindoue, persane, hébraïque, égyptienne? Les assertions des livres sacrés ne sont plus que les grossiers rudiments des connaissances ou plutôt des croyances hypothétiques des auteurs auxquels la rédaction en est attribuée. Les idées de création de *nihilo*, d'un commencement de l'Univers à une époque déterminée, semblent alors faites à la taille de notre monde. Et, de même que le globe terrestre ne nous paraît plus qu'un point perdu dans

1. Humboldt, *Cosmos.*

l'immensité de l'étendue, les cinq ou six mille ans
dont l'histoire de l'homme a confusément gardé le
souvenir s'évanouissent pour ainsi dire comme une
minute dans l'infinité de la durée !

D'ailleurs, pour ceux qui aiment à sonder cette
question de l'origine des temps avec des idées précon-
çues et d'un point de vue antiscientifique, la thèse d'un
premier commencement général peut sembler inatta-
quable. La science, elle, ne met point la question
sur ce terrain. Il lui suffit, pour démontrer la futilité
des hypothèses théologiques, de les mettre en présence de l'immensurabilité des espaces et des temps,
au sein desquels existent, se développent et se meuvent d'innombrables mondes.

De même que l'impossibilité, à la fois logique et
expérimentale, de supposer des bornes à l'espace,
nous conduit à l'idée de l'infinité de l'étendue, de
même aussi les immenses durées dont le Ciel visible
nous offre le témoignage amènent notre raison à
l'idée de l'éternité du monde. Qu'importe après cela
l'innocente satisfaction des amateurs d'absolu qui se
plaisent à imaginer le néant, sauf à en faire surgir
l'Univers par un coup de baguette mystérieux ?

CINQUIÈME CAUSERIE

—

Distribution dans l'espace des systèmes stellaires. — Les nébu-
buleuses sont des voies lactées parsemées dans les profondeurs
du Ciel. — Structure générale de l'Univers; voyage à travers les
mondes. — L'Univers est-il infini? a-t-il un centre? — Ce qu'on
sait de la constitution physique des espaces interplanétaires.

Combien, dans cette rapide esquisse du Monde, de
détails curieux, de phénomènes intéressants ne
suis-je pas forcé de passer sous silence!

Les étoiles de grandeur variable, dont le champ du
Ciel est parsemé en dehors de la Voie Lactée, font-
elles, ou non, partie de cette grande couronne dont
notre monde solaire est une des molécules consti-
tuantes? Il est probable que nos rayons visuels, partant du centre de l'anneau que nous occupons, pour
en raser les bords, franchissent des espaces de moins
en moins fournis d'étoiles; c'est, du moins, ce qu'on
peut conclure des jauges célestes, exécutées de part
et d'autre de la Voie Lactée, jauges qui prouvent que

4

la richesse en étoiles des diverses régions du Ciel est d'autant plus grande qu'on s'approche plus des bords de l'anneau galactique. Ainsi, un grand nombre d'étoiles disséminées dans le Ciel, bien que situées en apparence en dehors de notre nébuleuse, en font néanmoins partie.

Un autre fait remarquable, c'est que les espaces du Ciel les moins riches en étoiles sont, par compensation, garnis des plus remarquables nébuleuses. Serait-ce, comme Herschel l'admet et Arago après lui, que les nébuleuses voisines de ces sortes de trous du Ciel se sont formées peu à peu en attirant les étoiles qui s'y trouvaient primitivement dispersées?

Parmi les étoiles semées dans le firmament, et qui forment les configurations variées nommées *Constellations*, y en a-t-il qui soient liées entre elles par des relations spéciales de mouvement? En un mot, forment-elles des groupes naturels, ou bien, ne devons-nous voir dans leur réunion que des coïncidences fortuites, résultat de la simple perspective? Le groupe des Pléiades, si fameux dans l'histoire maritime de l'antiquité, celui du Cancer, le groupe des Hyades dans la constellation du Taureau, paraissent devoir être rangés au nombre des agglomérations dont les éléments sont reliés par de véritables lois. Arago, dans le premier volume de son *Astronomie populaire*, sans

s'expliquer catégoriquement sur la nature particulière des groupes que nous venons de citer, semble
toutefois les ranger au nombre des nébuleuses réso-
lubles. Seulement, se trouvant beaucoup plus rapprochées de nous que les autres, elles sont beaucoup
moins confuses, et les bonnes vues distinguent leurs
principales étoiles. Avec la moindre lunette, la vision
devient distincte et les étoiles des deux premiers
groupes se détachent les unes des autres.

Alcione, la plus belle des Pléiades, est une étoile
de troisième grandeur; cinq ou six des plus brillantes
appartiennent aux quatrième, cinquième et sixième
grandeurs; toutes les autres, au nombre de 58 environ, sont invisibles à l'œil nu.

Les étoiles du groupe des Hyades sont rendues invisibles par le voisinage d'Aldébaran, la plus brillante étoile de la Constellation du Taureau.

Enfin le groupe du Cancer, qui a reçu le nom de
Prœsepe ou la Crèche, offre une lumière si diffuse
que les lunettes sont indispensables à la séparation
de ses étoiles composantes. Le grossissement, il est
vrai, n'a pas besoin d'être très-fort [1].

1. Disons quelques mots du nombre d'étoiles visibles à l'œil nu.
On s'exagère généralement ce nombre, que plusieurs astronomes
ont pris la peine de recueillir approximativement. Aussi sera-t-on
peut-être étonné de savoir que, suivant les vues, il varie entre

Les progrès de l'astronomie sidérale ont multiplié le nombre de ces systèmes de soleils dont il reste à étudier le mouvement, les transformations et les lois.

Sur les 3,600 nébuleuses aujourd'hui cataloguées, 400 sont aujourd'hui résolues, c'est-à-dire décomposées en amas stellaires, qu'il est impossible de ne pas regarder comme autant de systèmes distincts.

4,000 et 6,000 seulement, et cela pour les deux hémisphères. Mais dès qu'on augmente la puissance visuelle par le secours des lunettes et télescopes, le nombre des étoiles visibles s'accroît d'une façon prodigieuse. Les plus forts télescopes permettraient d'apercevoir le nombre énorme d'environ 20,000,000 d'étoiles.

On les a rangées, suivant leur éclat, en divers ordres de grandeur. Le nombre des étoiles de la première qu'on porte à 20 environ pour les deux hémisphères, est très-restreint comme on voit. Sirius, la plus brillante de tout le Ciel, Wéga de la Lyre, Ataïr de l'Aigle, Antarès du Scorpion, Aldébaran, Canopus, Alpha de la Croix, Alpha du Centaure, sont parmi les plus remarquables.

On a formé, pour aider la mémoire, des groupes ou constellations, dont plusieurs ont reçu leurs noms des anciens. Mais il faut bien se garder de voir dans ces groupes des familles naturelles, liées autrement que par le hasard des perspectives. C'est pour cette raison que, voulant donner une idée réelle de l'Univers, j'ai omis à dessein de parler de ces divisions arbitraires. Il peut être utile, pour qui veut approfondir l'Astronomie ou se livrer à la pratique de cette science, de se familiariser avec la connaissance des constellations; mais, en définitive, c'est une entrée en matière qui ne m'a point paru indispensable. Combien l'étude de la structure réelle de l'Univers, des mondes qui le peuplent, de leurs groupes, de leurs mouvements, n'est-elle pas plus variée et plus instructive, plus attachante à la fois et plus profonde!

A quelles causes faut-il attribuer ces agglomérations de mondes, qui contrastent d'une façon si étrange avec certaines parties du Ciel, pour ainsi dire vides d'étoiles, avec ces trouées qui laissent la vue pénétrer dans les abîmes célestes à des profondeurs pour ainsi dire infinies? Le champ est vaste pour les conjectures.

Ce sont là dés problèmes sur lesquels la science parviendra peut-être un jour à jeter quelque lumière, mais qu'il serait oiseux de soulever, tant que les données de l'observation seront manifestement insuffisantes.

Mais si le domaine des causes nous échappe, et si nous le laissons volontiers aux vaines spéculations métaphysiques ou religieuses, du moins pouvons-nous terminer cette exploration de l'Univers visible par une vue d'ensemble de sa structure.

Lorsque, dans un pays de montagnes, entrecoupé de gorges et de vallées et couvert de forêts, un touriste désire avoir de la configuration de la contrée une idée un peu générale, quels moyens s'offrent à lui? Une bonne carte topographique pourra lui fournir les notions les plus exactes, lui donner au besoin la forme, les dimensions en hauteur et en superficie de tous les accidents du terrain. Mais quelle sécheresse, quelle absence de poésie, de pittoresque, de vie enfin sur ce papier d'ailleurs si utile ! Aussi préférera-t-il sans doute gravir le pic le plus élevé et jouir du panorama qu'on peut découvrir de son sommet, au risque d'être encore trompé par la perspective géométrique et aérienne.

Enfin un troisième moyen, préférable aux deux précédents, mais qui n'est point à la disposition de tout le monde, c'est une excursion aérienne, une course en ballon au-dessus des points les plus élevés du pays. Du haut de sa nacelle, le voyageur saisira sans erreur et sans fatigue les détails et l'ensemble, sans que le coup d'œil ait rien à perdre de son charme.

Des procédés analogues sont-ils à notre disposition pour nous fournir le panorama du Monde? Oui, mais combien insuffisants ! Vous allez en juger.

D'abord les cartes célestes, les mappemondes, les globes sont choses excellentes pour qui veut connaître la position apparente d'une étoile, rendre sa mémoire familière avec les groupes artificiels, avec leurs dénominations, avec leurs figures. Mais de la disposition réelle des mondes, de leurs mouvements, il est impossible d'en rien déduire. Se formera-t-on ainsi une idée vraie, une image vivante, pour ainsi dire, du grand Tout? Non.

La Terre elle-même, cet observatoire immense, si

bien disposée par sa forme pour l'exploration du Ciel dans toutes ses parties, suffira-t-elle à notre but? Pas davantage. Dussions-nous la parcourir d'un hémisphère à l'autre, passer les nuits à voir défiler devant nous les brillantes constellations boréales et australes, depuis la grande Ourse et la magnifique Orion, jusqu'à la Croix du Sud et aux Nuées de Magellan, la Terre, dis-je, ne saurait satisfaire à notre curiosité. Passer, sur notre globe, de l'extrémité d'un diamètre à l'autre, parcourir ainsi plus de 5,000 lieues, ne change en rien les apparences du Ciel étoilé : la distance où nous sommes de ces myriades de mondes est comme infinie vis-à-vis de cette base qui nous semble déjà si grande. Mais, dira-t-on sans doute, puisque cet observatoire mobile décrit chaque année autour de l'étoile centrale, autour du Soleil, une orbite de 220 millions de lieues, n'est-ce pas comme si nous avions à notre service, sans frais et sans péril, le plus gigantesque des aérostats? Et ne pouvons-nous pas nous contenter de la vitesse raisonnable qui nous fait franchir 26,820 lieues environ par heure? Hélas! qu'est-ce que cela en comparaison des dimensions du Ciel? Imaginez, je vous prie, dans un horizon de 200 kilomètres de diamètre, un ciron décrivant un cercle d'un mètre au maximum, et prétendant que ce beau voyage lui suffit pour explorer et connaître la plaine qui l'entoure, que dis-je? tout le pays situé au delà de cette plaine! Telle est notre Terre accomplissant sa période annuelle; tels nous sommes, voguant avec elle autour du Soleil, sans nous rapprocher de tout le reste de l'Univers d'une manière sensible. La vitesse même de la lumière, cette vitesse foudroyante dont l'imagination embrasse à peine la grandeur, ne nous suffirait pas, dans notre vie si courte, à parcourir la partie visible de l'Univers, et, chargés d'années, nous resterions en route, sans terminer notre pèlerinage.

Laissez-moi donc alors vous transporter en pensée par delà les limites de notre monde solaire. La pensée seule peut nous permettre ce voyage gigantesque, ce véritable tour du monde.

A mesure que nous nous enfonçons dans ces profondeurs, notre globe, si vaste pour nous, et dont le mouvement au moment où nous venions de le quitter nous paraissait si grandiose, notre globe, dis je, s'immobilise de plus en plus, diminue, diminue, et disparaît. Le Soleil lui-même, passant successivement par tous les degrés de décroissance lumineuse, arrive à n'être plus qu'une étoile de première, de seconde... de dixième grandeur, puis à disparaître à son tour dans la poussière blanchâtre de la Voie Lactée.

Mais avant d'arriver à ce point de notre route,

nous avons rencontré nombre de soleils et de groupes de soleils, que nous avons vus tournoyer sur eux-mêmes, tout frémissants de lumière et de chaleur, entraînant avec eux leurs cortéges de planètes.

Enfin nous voilà parvenus à de telles distances que l'espace ne nous paraît plus parsemé çà et là que de taches blanchâtres aux formes les plus diverses : tous les soleils épars se sont groupés en innombrables nébuleuses. Autant de systèmes animés de mouvements généraux et sans doute gravitant les uns vers les autres, comme le font eux-mêmes leurs éléments. Cette dernière hypothèse est inévitable? Les masses, les forces individuelles, les mouvements particuliers[1], peuvent-ils ne pas fournir, suivant les invincibles lois de la mécanique générale, leurs forces, leurs mouvements résultants? C'est par de pareilles déductions que, l'observation faisant défaut, l'esprit est légitimement autorisé à généraliser les lois éternelles de la matière dont il étudie en petit les diverses évolutions.

1. Nous avons vu dans une précédente causerie que les étoiles multiples, en gravitant les unes autour des autres, décrivent des orbites régies par les lois mêmes qui président aux mouvements de notre propre système.

L'hypothèse émise plus haut est donc légitimement basée sur des faits observés.

Ainsi, en récapitulant, nous voyons l'Univers visible, formé d'une magnifique série d'êtres toujours mouvants, harmonieusement groupés, exécutant en cadence leur musique éternelle. Depuis le simple satellite tournant autour de sa planète, jusqu'à la nébuleuse étincelante, et — qui sait? — jusqu'aux groupes même de nébuleuses.

Et partout, partout la vie. La vie à tous les degrés, variée sans doute à l'infini dans ses manifestations finies, vie végétale, vie animale, vie humaine, autrement dit, intelligente et morale.

Si ces causeries avaient pour objet de poser et de résoudre arbitrairement, en dehors des données de la science, des questions insolubles, ce serait le lieu et le moment de nous demander :

Si l'Univers est infini ?

Si l'Univers a un centre?

Mais, disons-le une fois pour toutes : il faut laisser cette dispute aux théologiens de vieille et nouvelle roche. Ne doit-il pas nous suffire de savoir que plus grandit la puissance des moyens d'investigation dont se servent les astronomes, plus les bornes du monde reculent à nos yeux, plus la pensée s'abîme dans la contemplation de l'espace. Ainsi l'observation se trouve d'accord avec le bon sens, qui répugne à concevoir, au delà des régions toujours peuplées que l'œil contemple, un vide sans limites, image des ténèbres et du néant.

Rien non plus ne nous autorise à imaginer un centre dans l'infinie variété des systèmes qui s'engrènent les uns dans les autres, rien, ni l'observation, ni les principes de la mécanique céleste, ni les besoins d'aucune théorie rationnelle.

Terminons cette causerie par quelques mots sur une question qui a divisé longtemps les philosophes et les savants, les physiciens et les astronomes, et dont la solution est aujourd'hui accessible à la science. Cette question, la voici : Les espaces célestes où circulent perpétuellement toutes ces sphères, sont-ils vides ou pleins de matière ?

Les hypothèses les plus contradictoires n'ont pas manqué, dès le premier moment où la question a été posée. Tandis que les uns soutenaient le vide absolu, comme nécessaire à la conservation des mouvements et au passage si rapide de la lumière, les autres, et Descartes était du nombre, croyaient qu'aucune portion si petite qu'elle soit de l'espace infini n'est dépourvue de matière [1].

1. Selon Newton, au contraire, la matière répandue dans les espaces intersidéraux est si rare, qu'un pouce cube d'air respirable suffirait, en se dilatant, pour remplir une sphère s'étendant jusqu'à l'orbite de Saturne. La densité de cet air ainsi raréfié égalerait encore celle des régions où se meuvent les corps de notre système.

Vide absolu, plein absolu, ce sont là des notions abstraites que, fidèles à notre méthode, nous laisserons à la métaphysique. Se rend-on seulement un compte bien exact de ce qu'est la matière, que nous connaissons comme nous connaissons toutes choses, par ses manifestations phénoménales?

Heureusement le problème peut être abordé d'une autre façon. Il est aujourd'hui démontré que la lumière n'est point une substance matérielle, comme le supposait Newton, incessamment émise et lancée dans l'espace par les sources lumineuses; c'est le produit de vibrations transversales extrêmement rapides qui se propagent de proche en proche par l'intermédiaire d'un milieu fluide, et dès lors évidemment matériel. Le corps lumineux, c'est-à-dire vibrant par lui-même, est la source des mouvements ou des ondulations lumineuses, comme la cloche ébranlée ou le corps sonore est la source des ondes qui nous donnent la sensation du son. Les vibrations se communiquent autour de lui et rayonnent à l'infini dans l'espace. Arrivant à notre œil, elles ébranlent notre rétine, et produisent ainsi la sensation de la lumière. La lumière est donc un phénomène de mouvement comme le son, bien que les véhicules de ces mouvements ne soient pas les mêmes et que leurs modes de propagation soient bien différents. L'air, on le sait, est .le véhicule du son. Pour la lumière, quel est-il? On ne sait; ou, du moins, on ne l'a point palpé, senti, analysé. Mais il existe de toute nécessité, et c'est pour cela que les physiciens et les astronomes lui donnent le nom d'*éther*, sans attacher à ce mot d'autre idée, que celle d'une substance jouissant des propriétés révélées par l'analyse physique et mathématique des phénomènes lumineux. L'éther remplit les espaces planétaires, stellaires, dans toutes leurs parties. Il pénètre tous les corps; enfin on ne sait rien de sa densité, sinon qu'elle est sans nul doute extrêmement faible [1].

Arrivera-t-on à en connaître les propriétés? Celle de propager la lumière est la seule connue : en trouvera-t-on d'autre? Répondre à ces questions, ce serait par trop anticiper sur la science, et faire des hypothèses qu'aucun phénomène n'appelle encore : ce serait raisonner dans le vide.

Ce qu'on peut dire, sur la foi des observations

---

1. « Cherchons quelle devrait être la densité de ce gaz (l'éther) pour que deux rayons, l'un rouge et l'autre bleu, partis en même temps d'une étoile changeante, arrivassent à la Terre *à peu près* simultanément, malgré la prodigieuse épaisseur de la matière traversée, malgré la durée du trajet, qui ne saurait être au-dessous de trois ans; la solution de ce simple problème de physique étonnera l'imagination par sa petitesse. »

(Arago, *Astronomie populaire*, I.)

les plus rigoureuses et des calculs les plus irréfutables, c'est que l'éther ne gêne point sensiblement dans leur marche les mondes de notre système. Nous avons donc devant nous des millions d'années d'existence, à moins de catastrophes tenant à d'autres causes que la résistance du milieu où se meuvent les astres, et qu'on ne saurait prévoir.

D'ailleurs, qu'importe! Naître, vivre et mourir sont les termes inéluctables de l'existence de tout être, et le tombeau d'un monde n'est que le berceau d'un autre.

SIXIÈME CAUSERIE

—

Plus d'un lecteur trouvera peut-être que nos pérégrinations un peu vagabondes dans les lointaines régions du Ciel sont désormais suffisantes. L'esprit finit par se perdre, et l'imagination par s'égarer à planer ainsi dans les profondeurs éthérées ; la contemplation prolongée de l'infini donne peu à peu le vertige ; et le sentiment de la vie extérieure, de la durée de notre propre personnalité s'abîme à la fin dans ces extases.

L'astronomie sidérale nous a offert le plus grandiose de tous les spectacles, celui de millions de mondes possédant chacun sa source de lumière, de

chaleur et de vie. Comment ne pas nous laisser émouvoir à la pensée que tous ces mondes sont, comme le
nôtre, le théâtre d'évolutions, de luttes, sans doute à
la fois pénibles, glorieuses et douloureuses, après
tout nécessaires? Mais il faut songer que l'histoire
de ces lointains événements ne peut être pour nous,
pour notre humanité qu'une éternelle énigme.

Aussi, quand je proposais ce voyage à travers les
espaces, n'avais-je d'autre but que de faire comprendre la valeur des rapports qui unissent notre monde
à tous les autres, et de donner de la structure et de
la constitution de l'Univers une idée d'ensemble.
J'ai dû, pour cette raison, éviter les détails un peu
trop précis, les contours trop accusés : il s'agissait
d'une ébauche.

Mais des notions aussi vagues ne suffiraient point à
donner de l'Astronomie, de l'exactitude de ses observations et de la précision de ses lois, l'idée qu'on en
doit avoir. Les données grandioses, merveilleuses, il
est vrai, que nous avons recueillies dans notre exploration céleste sont trop étrangères à notre vie, à
nous-mêmes ; elles ne nous intéresseraient que d'une
façon trop détournée, si nous n'étudiions plus intimement l'un de ces mondes innombrables dont la
voûte du ciel resplendit.

Sans doute, nous savons que l'Univers est une ag-

gloméralion infinie de nébuleuses, ici formées de
milliers de soleils, là composées d'une matière gazéiforme, parsemée de soleils en voie de formation. Sans
doute encore, nous savons que le mouvement est la
loi générale de ces masses immenses, non-seulement
dans leurs éléments constitutifs, mais dans leur ensemble, qui subit à la longue des dislocations, des
déchirements [1].

Mais que sont ces soleils? Quelle est leur constitution intime? Quelles lois régissent leurs mouvements?
D'autres corps ne les accompagnent-ils pas? Autant
de problèmes dont notre ardente curiosité appelle la
solution. La science les agite depuis des siècles; si
elle ne les a point entièrement résolus, elle est par-
venue du moins à rassembler assez de vérités pour

1. La force attractive dont les lois régissent toutes les parties de
la matière produit des effets de concentration remarquables, dans
les agglomérations d'étoiles et dans les nébuleuses. Cette distribution, ces groupements des molécules célestes, équivalent évidemment à des déchirements, à des dislocations. L'astronome
Herschel a étudié avec grand soin ces mouvements. Dans un point
de la Voie Lactée, jaugé d'après sa méthode et contenant 331,000
étoiles sur une largeur de 5 degrés, on a pu remarquer que cet
immense groupe offre déjà des signes de division. La moitié de ces
331,000 étoiles marche d'un côté; l'autre moitié marche en sens
contraire. « Ainsi, dit Arago dans son *Astronomie populaire*, d'où
nous tirons ces curieux détails, dans la suite des siècles, le pouvoir de concentration amènera inévitablement le fractionnement,
la rupture, la dislocation de la Voie Lactée. »

apaiser, sinon pour rassasier complétement, cette soif de connaître qui nous tourmente tous.

Je constate d'abord que l'observation directe serait loin de nous satisfaire. Quelle que soit la puissance des instruments, ils ne permettent aujourd'hui — disons sans crainte, ils ne permettront longtemps — de distinguer aucun détail. Les plus forts télescopes font voir chacun des corps lumineux qui peuplent le ciel, comme un point mathématique, sans dimensions appréciables, et que l'épaisseur d'un fil d'araignée suffit à éclipser. On sait donc peu de chose de la constitution de ces soleils. Les lois de propagation de la lumière nous ont bien appris qu'ils brillent de leur propre éclat; ajoutez à cela ce que nous avons dit de leur variabilité, de leur couleur, de la distance de quelques-uns d'entre eux, de leurs mouvements de révolution, et c'est tout[1].

---

1. L'analyse spectrale, qui a débuté par les plus merveilleuses découvertes en chimie, promet de nous dévoiler la constitution intime des soleils, de nous dire, par exemple, quels sont les métaux dont les vapeurs sont mêlées à leurs atmosphères. Je me propose dans une prochaine publication de revenir avec détail sur cette nouvelle branche des sciences qu'on pourrait appeler la chimie des corps célestes.

S'il existe encore, ce qu'il est difficile de croire, des esprits assez prévenus contre toute philosophie scientifique pour méconnaître les rapports naturels qui lient les sciences des divers ordres, l'analyse spectrale est là pour donner à cette étroite manière de voir un éclatant démenti.

Heureusement, nous savons d'une manière positive que notre monde, notre petit système solaire est un des éléments du monde stellaire, que notre Soleil est une Étoile.

Étudions-le donc dans tous ses détails, recueillons-en précieusement toutes les lois. Et cette étude achevée, laissons-nous guider par l'analogie; elle nous apprendra tout ce que nous désirons connaître des mondes similaires.

Afin de procéder toujours suivant la même méthode je vais d'abord vous faire connaître notre système dans son ensemble. Peut-être aurais-je grand besoin pour cela de l'emploi des termes techniques, mathématiques, géométriques, astronomiques ; mais j'ai fait vœu, en prenant la plume, de me servir de la langue de tout le monde, et je tiens à accomplir mon vœu, autant que possible.

Voyons d'abord de quels éléments se compose le système que nous appelons *solaire*.

En premier lieu, l'Étoile centrale, le foyer de chaleur et de lumière, le pivot de tous les mouvements, le **Soleil;**

Puis les terres ou **Planètes**, semblables à notre globe terrestre, non lumineuses par elles-mêmes, et, comme la Terre, renvoyant la lumière réfléchie du

Soleil. Tous ces corps se meuvent autour du foyer central, en décrivant des courbes particulières, inégales en grandeur, en des temps inégaux. Tels sont Vénus, Mercure, la Terre, Mars, Jupiter, Saturne, Uranus et Neptune;

En troisième lieu les **Satellites**, corps secondaires, également éclairés du Soleil, et qui se meuvent autour des planètes, comme celles-ci autour du Soleil. Telle est notre Lune;

Enfin des corps nébuleux d'une apparence caractéristique, se mouvant aussi autour du Soleil, mais dans des courbes très-allongées, et dont la substance paraît avoir avec la matière cosmique une très-grande analogie. Ce sont les **Comètes**.

Ainsi, Soleil, Planètes, Satellites et Comètes, telles sont les quatre espèces de corps qui composent notre système. Une étude plus approfondie permettra mieux encore d'en reconnaître, soit les ressemblances, soit les différences essentielles.

Pour cette fois, je laisserai de côté les Comètes, me proposant de leur consacrer une causerie spéciale.

Avant tout, quel est le nombre des corps aujourd'hui connus qui composent le système solaire?

Les anciens, croyants et gentils, en connaissaient sept, nombre consacré d'ailleurs et doué des vertus de l'ordre le plus élevé! Il est vrai que, dans ce nombre, la Terre ne comptait pas, et que la Lune et le Soleil, en raison de leur importance, étaient considérés à part. Plus tard, au moyen âge, quand l'astrologie eut envahi toutes les cervelles, on vous eût démontré sans réplique la raison de ce nombre sept, symbole des vérités les plus profondes : sept corps célestes, sept chandeliers, sept sages de la Grèce, sept jours de la création, sept trompettes, sept merveilles du monde, etc., etc.!... Impossible de ne pas se rendre à une pareille évidence !

Nos astronomés modernes, impies s'il en fut, dépassèrent ce nombre sacramentel, et bientôt arrivèrent à vingt-huit ou vingt-neuf planètes, nombre vraiment impossible, et sans aucune relation avec toute vérité magique, cabalistique, métaphysique. Aussi Fourier, ce génie bizarre, mélange singulier d'extravagance et de profondeur, annonça-t-il au monde savant qu'on atteindrait le nombre 32. N'avons-nous pas trente-deux dents ? Hélas! les grandes lois analogiques de la théorie sérielle n'ont pas été respectées par l'Astronomie, et voilà le nombre des corps du système solaire dépassant déjà la centaine.

Et chaque jour, le zèle des observateurs aidant, le nombre s'en accroît.

Comment tous ces corps se distribuent-ils dans l'espace ? Y a-t-il entre eux des lois de subordination,

des rapports particuliers de distance ? C'est à quoi je
vais répondre maintenant.

Parmi tous ces astres, il en est un, nous l'avons
déjà dit, qui prime tous les autres. Par son volume,
par sa masse, par ses propriétés physiques de chaleur
et de lumière, de magnétisme sans doute et d'électri-
cité, par sa position centrale enfin, le Soleil se distingue de tous les corps qui composent notre système.
Il est le pivot de tous leurs mouvements, la source
de toute organisation et de toute vie.

Autour du Soleil, et dans l'ordre des distances, on
rencontre la série suivante de tous les astres qui lui
servent de cortége :

C'est d'abord Mercure et Vénus; puis, à une distance qui n'est pas encore bien connue, un anneau nébuleux et brillant que nous apercevons de notre globe,
et auquel les savants ont donné le nom de *lumière
zodiacale.*

Vient ensuite la Terre; et dans son voisinage, une
multitude de corpuscules célestes dont la présence
nous est révélée de deux manières : par leur chute à
la surface du sol, puis par les traînées lumineuses
que laissent après eux dans notre atmosphère ceux
de ces corps qui viennent frôler la Terre dans leur
course périodique. On considère que leur ensemble
forme deux anneaux de matière circulante, dont la

distance au Soleil est à fort peu près celle de la Terre même.

C'est la planète Mars qui vient ensuite ; puis Jupiter, Saturne et Neptune, accompagnés de leurs groupes de satellites.

Mais, entre Jupiter et Mars, on a découvert depuis le commencement du siècle une série remarquable de petites planètes, dont les plus considérables n'atteignent point la grosseur de notre Lune. Leur nombre s'élève aujourd'hui à 77, et — nous l'avons dit — s'accroît chaque année. Mais des considérations auxquelles la théorie donne une grande vraisemblance permettent d'affirmer que leur nombre est beaucoup plus considérable; nous en connaîtrions à peine la millième partie.

On verra plus tard qu'il y a entre les grosseurs et les mouvements de Mercure, de Vénus, de la Terre et de Mars, des analogies qui font de ces quatre planètes comme un premier groupe, séparé du groupe également original des quatre grosses planètes, Jupiter, Saturne, Uranus et Neptune, par la zone des petites planètes ou astéroïdes.

Je vais entrer maintenant dans quelques détails sur les distances relatives de tous ces astres au Soleil, en prenant pour unité un mètre dont la longueur soit proportionnée à ces distances. Je prendrai pour unité, comme font tous les astronomes, la distance moyenne de la Terre au Soleil.

Elle est de 136,000,000 de kilomètres environ. Voulez-vous une idée plus nette de cette distance ?

Rappelez-vous que, si nous voulions nous transporter au Soleil, en prenant pour véhicule le train *express* le plus rapide, franchissant soixante kilomètres à l'heure, nous parviendrions au terme de notre vie avant d'avoir parcouru le quart de notre route. Il nous faudrait, pour le terminer ainsi, 270 années.

Telle est la distance qui nous servira de terme de comparaison ou d'unité.

Si l'on range dans l'ordre de leurs distances croissantes au Soleil, tous les astres errants qu'il maîtrise par la puissance de son attraction, on trouve ce tableau :

Mercure, Vénus, la Terre, Mars, les planètes télescopiques, Jupiter, Saturne, Uranus et Neptune.

Qu'on veuille bien me permettre maintenant un peu d'arithmétique : je promets de n'en point abuser.

Une loi empirique, que d'abord on crut rationnelle, lie entre elles toutes ces distances d'une manière assez simple. La voici :

Partez de 0, ajoutez 3, puis doublez successivement chaque nombre, vous formerez cette série :

0   3   6   12   24   48   96   192   384

Augmentez de 4 chacun de ces nombres, vous aurez cette autre série :

4 7 10 16 28 52 100 196 388,

dont les termes, placés au-dessous des planètes nommées plus haut, marquent leurs distances respectives à l'astre central, du moins sans erreurs notables [1]. C'est, après tout, un moyen mnémonique assez commode, et qu'il est bon de retenir pour les cas assez fréquents où l'on n'a pas sous la main de traité d'astronomie.

Tandis que Mercure n'est qu'au tiers de la distance de la Terre au Soleil, à partir de ce dernier corps, Neptune est à plus de 30 fois cette même distance. Est-ce là que nous devons voir les bornes de notre système solaire ? Rien ne le prouve ; non-seulement les comètes dépassent cette distance, énorme déjà, mais il est très-possible que d'autres planètes encore inconnues existent au delà de Neptune, in-

1. Sauf pour la planète Neptune, dont la distance serait donnée par le nombre 300, bien différent de 388.

La loi empirique que nous venons de rapporter est due à Titius. On la connaît également sous le nom de Loi de Bode. Ce qui la fit surtout considérer comme une loi réelle, c'est cette circonstance curieuse, qu'une lacune existant entre Mars et Jupiter et le nombre 28 n'ayant point de planète correspondante, cette lacune vint tout à coup à être comblée par la découverte des planètes Cérès, Pallas, Junon et Vesta, dont les distances, à fort peu près égales, satisfont à la loi de Titius.

visibles pour nos moyens actuels de télescopie, ou inobservées.

Mais, en triplant cette dimension, en admettant pour le rayon de la sphère réelle de l'attraction solaire 100 fois l'unité convenue, en supposant par conséquent que le dernier astre entraîné dans le mouvement de circulation autour de notre étoile existe à cette distance, il n'en faudrait pas moins reconnaître que 2,000 fois cet intervalle nous séparent encore des autres systèmes stellaires, j'entends des plus voisins.

Je reviens souvent sur ces comparaisons, parce qu'il faut se familiariser avec les nombres dont elles nécessitent l'emploi, si l'on veut avoir une idée tant soit peu juste des véritables dimensions, soit de l'univers visible, soit de notre monde planétaire.

J'arrive maintenant à un autre ordre de faits, à celui qui a pour objet la forme et la grosseur des planètes et du Soleil.

Tous les corps du système affectent la forme sphérique : la Lune, le Soleil, la Terre, toutes les planètes, tous leurs satellites [1]. Cela est hors de doute

---

1. La planète Saturne a pour satellites deux corps annulaires relativement très-minces. C'est le seul exemple connu de corps célestes n'ayant pas la forme sphéroïdale. En étudiant Saturne, nous aurons l'occasion de revenir sur ses anneaux.

pour le Soleil, la Lune, Vénus et Mercure, Mars et Jupiter, Saturne, Uranus et Neptune, et même pour quelques-uns de leurs satellites. Soit à l'œil nu, soit à l'aide des lunettes, la forme circulaire du disque est trop évidente pour laisser à cet égard aucun doute.

L'analogie permet, sans crainte de trop de hardiesse, de supposer qu'il en est de même pour les autres, et quant à la rondeur de la Terre, nous en donnerons plus loin les preuves.

La forme sphérique n'est point parfaite toutefois.

Pour la plupart des corps planétaires, elle est légèrement aplatie, circonstance qui a permis de déterminer avec certitude leur constitution primitive.

Les volumes ne suivent aucune loi apparente régulière, soit avec la distance, soit avec les mouvements. Voici, dans l'ordre des grosseurs, les principaux corps du système :

Le Soleil, Jupiter, Saturne, Uranus, Neptune, la Terre, Vénus, Mars, Mercure, la Lune.

Mars et Mercure sont de dimensions inférieures a celle de la Terre ; le volume de Mars est un septième, celui de Mercure un seizième de celui de la Terre ; mais celui de Vénus en approche beaucoup. Jupiter est 1414 fois aussi gros, Saturne 734 fois, Uranus 82 fois, Neptune 110 fois ; la Lune n'en est guère que la cinquantième partie.

Enfin le Soleil est d'un volume environ un million quatre cent mille fois aussi gros que la Terre, c'est-à-dire qu'il vaut à lui seul plus de cinq cents fois tous les corps planétaires réunis, eux et leurs satellites.

En décrivant plus en détail toutes ces sphères, tous ces grands ou petits mondes, je reviendrai plus exactement sur leurs grosseurs respectives et sur leurs formes. Ce n'est là qu'un premier aperçu.

Pour résumer ce qui précède en une image sensible, je terminerai par l'hypothèse suivante :

Prenez un globe de onze centimètres de diamètre environ, et imaginez que c'est là le Soleil. La Terre sera représentée, dans ce cas, par un grain de plomb d'un millimètre de diamètre. Portez ce grain à une distance du globe solaire égale à douze mètres, et vous aurez une idée de la position relative de la Terre et du Soleil dans l'espace.

Dans cette hypothèse, Jupiter aura un peu plus d'un centimètre de diamètre : ce sera une balle de plomb d'un petit calibre. Saturne aura l'apparence d'une chevrotine, Uranus celle d'un gros grain de plomb, et Neptune, sous la forme d'un grain tant soit peu plus gros, sera perdu dans l'espace, à une distance de plus de 360 mètres du globe central. Les autres planètes et les satellites exigeraient, pour être vus, le secours du microscope.

Nous verrons bientôt cependant que tous ces corps en apparence si chétifs, et comme perdus dans l'immensité, exécutent avec une précision mathématique une série de mouvements soumis aux mêmes lois : mouvements de rotation sur eux-mêmes, mouvements de révolution autour du Soleil, mouvements oscillatoires ou de balancements périodiques.

Et tout ce système est si bien pondéré, si bien équilibré, qu'il offre les garanties de stabilité les plus merveilleuses; de telle sorte que les écarts dus à l'action réciproque des masses, — ce qu'on nomme les perturbations, — sont au contraire la preuve la plus convaincante de la précision de ses lois, une conséquence infaillible de ces lois mêmes.

SEPTIÈME CAUSERIE

—

Copernic et Képler s'immortalisent par la découverte du vrai système du monde : le premier dé-
brouille le chaos des mouvements apparents et réels
de la Terre, des Planètes et du Soleil; il débarrasse
l'Astronomie des épicycles des anciens et des systèmes bâtards de Tycho-Brahé et de Ptolémée. Le
second formule en trois lois admirables la théorie de
ces mouvements.

Deux autres noms illustres, Galilée et Newton, se
rattachent aux principes fondamentaux de la mécanique céleste. Galilée donne les lois de la chute des
corps à la surface de la Terre; Newton s'élève d'un

bond à la généralisation de ces lois, et l'Attraction
ou Gravitation universelle est enfin trouvée et démontrée.

Il ne restait plus, après ces grandes découvertes,
qu'à compléter la théorie du système du monde, en
rattachant à la gravitation tous les mouvements astronomiques connus : ce fut l'œuvre des d'Alembert,
des Euler, des Laplace, œuvre magnifique s'il en
fut, l'assise la plus inébranlable de la science moderne bâtie sur les ruines des erreurs passées et l'é-
cueil des superstitions futures.

Mes lecteurs me sauront donc gré, du moins je
l'espère, de m'appesantir sur ce côté, un peu abs-
trait peut-être, de l'Astronomie. C'est un voyage d'a-
grément, sans doute, que de parcourir l'Univers et
d'en admirer, chemin faisant, les splendeurs : dans
cette attrayante pérégrination, on se laisse aller facilement aux flâneries de la route : une nébuleuse
vous séduit, un soleil aux brillantes couleurs, une
comète échevelée, vous entraînent. Mais il ne faut
pas oublier que les faits, si curieux, si variés qu'ils
soient, ne sont que les matériaux de la poésie et de
la science, que des lettres-mortes dans le grand livre
de la Vie universelle, quand rien ne les relie et ne
les assemble, de façon à former de ces caractères
isolés le langage de la nature.

« Si l'homme s'était borné à recueillir des faits, les sciences ne seraient qu'une nomenclature stérile, et jamais il n'eût connu les grandes lois de la nature. C'est en comparant les faits entre eux, en saisissant leurs rapports, et en remontant ainsi à des phénomènes de plus en plus étendus, qu'il est enfin parvenu à découvrir ces lois toujours empreintes dans leurs effets les plus variés. Alors la nature, en se dévoilant, lui a montré un petit nombre de causes donnant naissance à la foule de phénomènes qu'il avait observés ; il a pu déterminer ceux qu'elles doivent faire éclore ; et lorsqu'il s'est assuré que rien ne trouble l'enchaînement de ces causes à leurs effets, il a porté ses regards dans l'avenir, et la série des événements que le temps doit développer s'est offerte à sa vue [1]. »

C'est la même pensée, exprimée de la façon la plus piquante, que l'auteur des *Lettres persanes* a placée dans la bouche d'Usbeck, et que je ne puis résister au plaisir de transcrire dans cette causerie. En me plaçant ainsi sous la protection du génie de Montesquieu et de Laplace, je suis plus assuré qu'on excusera cette station un peu prolongée dans les abstractions de la science.

____

1. Laplace, *Exposition du système du monde.*

« *Usbeck à Hassein, dervis de la montagne
de Jaron.*

» O toi, sage dervis, dont l'esprit curieux brille de
tant de connaissances, écoute ce que je vais te dire.

» Il y a ici des philosophes qui, à la vérité, n'ont
point atteint jusqu'au faîte de la sagesse orientale : ils
n'ont point été ravis jusqu'au trône lumineux ; ils
n'ont ni entendu les paroles ineffables dont les con-
certs des anges retentissent, ni senti les formidables
accès d'une fureur divine : mais laissés à eux-mêmes,
privés des saintes merveilles, ils suivent dans le silence les traces de la raison humaine.

» Tu ne saurais croire jusqu'où ce guide les a conduits. Ils ont débrouillé le chaos, et ont expliqué,
par une méchanique simple, l'ordre de l'architecture divine. L'auteur de la nature a donné du mouvement à la matière : il n'en a pas fallu davantage
pour produire cette prodigieuse variétés d'effets que
nous voyons dans l'univers.

» Que les législateurs ordinaires nous proposent
des loix pour régler les sociétés des hommes : des loix
aussi sujettes au changement que l'esprit de ceux qui
les proposent, et des peuples qui les observent;
ceux-ci ne nous parlent que des loix générales, im-

muables, éternelles, qui s'observent sans aucune exception, avec un ordre, une régularité et une promptitude infinie, dans l'immensité des espaces.

» Et que crois-tu, homme divin, que soient ces loix ? Tu t'imagines peut-être qu'entrant dans le conseil de l'Éternel, tu vas être étonné par la sublimité des mystères : tu renonces par avance à comprendre ; tu ne te proposes que d'admirer.

» Mais tu changeras bientôt de pensée ; elles n'éblouissent point par un faux respect ; leur simplicité les a fait longtemps méconnaître ; et ce n'est qu'après bien des réflexions qu'on en a vu la fécondité et toute l'étendue.

» La première est que tout corps tend à décrire une ligne droite, à moins qu'il ne rencontre quelque obstacle qui l'en détourne ; et la seconde, qui n'en est qu'une suite, c'est que tout corps qui tourne autour d'un centre tend à s'en éloigner ; parce que plus il est loin, plus la ligne qu'il décrit approche de la ligne droite.

» Voilà, sublime dervis, la clef de la nature : voilà des principes féconds, dont on tire des conséquences à perte de vue.

» La connaissance de cinq ou six vérités a rendu leur philosophie pleine de miracles, et leur a fait faire presque autant de prodiges et de merveilles

que tout ce qu'on nous raconte de nos saints pro-
phètes.

» Car enfin, je suis persuadé qu'il n'y a aucun de
nos docteurs qui n'eût été embarrassé, si on lui eût
dit de peser dans une balance tout l'air qui est autour
de la terre, ou de mesurer toute l'eau qui tombe
chaque année sur sa surface ; et qui n'eût pensé plus
de quatre fois avant de dire combien de lieues le son
fait dans une heure ; quel temps un rayon de lumière emploie à venir du soleil à nous ; combien de
toises il y a d'ici à Saturne ; quelle est la courbe selon
laquelle un vaisseau doit être taillé pour être le meil-
leur voilier qu'il soit possible.

» Peut-être que si quelque homme divin avait
orné les ouvrages de ces philosophes de paroles
hautes et sublimes ; s'il y avait mêlé des figures har-
dies et des allégories mystérieuses, il aurait fait un
bel ouvrage, qui n'aurait cédé qu'au saint Alcoran.

» Cependant, s'il faut te dire ce que je pense, je ne
m'accommode guère du style figuré. Il y a dans notre
Alcoran un grand nombre de petites choses qui me
paraissent toujours telles, quoiqu'elles soient rele-
vées par la force et la vie de l'expression. Il semble
d'abord que les livres inspirés ne sont que les idées
divines rendues en langage humain : au contraire,
dans notre Alcoran, on trouve souvent le langage de

Dieu et les idées des hommes ; comme si, par un admirable caprice, Dieu y avait dicté les paroles et que l'homme eût fourni les pensées.

» Tu diras peut-être que je parle trop librement de ce qu'il y a de plus saint parmi nous : tu croiras que c'est le fruit de l'indépendance où l'on vit dans ce pays. Non : grâces au ciel, l'esprit n'a pas corrompu le cœur ; et tant que je vivrai, Hali sera mon prophète.

» De Paris, le 14 de la lune de Chahban, 1716. »

Quel chef-d'œuvre de conception et de style ! quelle fine raillerie, quelle droite raison dans ce morceau, qu'on me saura gré de n'alourdir d'aucun commentaire !

Mais revenons à notre monde.

Toutes les planètes, ai-je dit, se meuvent autour du Soleil en des temps qui croissent avec leurs distances mutuelles à l'astre central. Tous les satellites ont un pareil mouvement de circulation autour de planètes.

Mais en même temps que tous ces astres parcourent leurs orbites, ils tournent sur eux-mêmes dans le même sens ; de sorte qu'un observateur que l'on supposerait placé sur le plan de l'orbite terrestre, doit

6

voir tous ces mouvements de rotation s'effectuer de droite à gauche, ou d'Occident en Orient.

La Terre — les enfants l'apprennent aujourd'hui à l'école — exécute ce mouvement rotatoire en vingt-quatre heures environ ; on verra bientôt que telle est la cause des alternatives du jour et de la nuit.

Enfin, le Soleil lui-même tourne aussi sur un axe très-peu incliné sur le plan de l'orbite.

Nous reverrons plus loin et nous étudierons ensemble tous ces mouvements, lorsque, reprenant notre course pour aller visiter nos voisins du monde solaire, nous ferons une revue détaillée de leur constitution physique. Ce qu'il faut en ce moment retenir, c'est cette circonstance importante : que tous les mouvements connus, de translation comme de rotation, s'effectuent précisément dans le même sens, autrement dit, d'Occident en Orient.

Enfin, il y a cela de particulier dans les mouvements de rotation, qu'ils sont uniformes — chaque point de la surface d'un globe décrivant autour de la ligne idéale, ou axe de rotation, des arcs égaux en temps égaux ; — et que l'axe est transporté parallèlement à lui-même dans le mouvement de translation de la planète autour du Soleil.

Pour terminer les généralités qui concernent notre monde solaire, il me reste à porter votre attention sur les conséquences du système de ses mouvements. La complication qui résulte des apparences a longtemps arrêté les astronomes; mais aujourd'hui que la vérité est connue, rien de plus simple que d'en déduire l'explication des faits observés.

Comme le lieu de l'observation est la Terre, je rappelle en peu de mots sa situation dans le système. Nous ferons abstraction des inclinaisons, d'ailleurs peu considérables, que les plans des orbites planétaires font avec celui de l'orbite terrestre, ou si vous aimez mieux, nous supposerons un instant que tous ces plans se confondent en un seul.

Les planètes, la Terre exceptée, pourront dès lors se ranger en deux groupes : l'un comprendra Mercure et Vénus, toujours situés à l'intérieur de notre courbe annuelle; l'autre sera composé des planètes situées en dehors de cette courbe, c'est-à-dire, — dans l'ordre des distances, — de Mars, des planètes télescopiques, de Jupiter, de Saturne, d'Uranus et de Neptune.

On donne aux deux premières le nom de *planètes inférieures* ou *intérieures*, et aux autres, celui de planètes *supérieures* ou *extérieures*.

Rappelons en outre que l'année, c'est-à-dire la durée du mouvement de translation de la Terre, surpasse les temps des révolutions des planètes intérieures; qu'elle est, au contraire, moindre que les temps des révolutions effectuées par les planètes extérieures.

De quelle façon un observateur situé à la surface de la Terre verra-t-il s'effectuer tous ces mouvements? ou si l'on veut : quels seront pour cet observateur les mouvements apparents des planètes?

Occupons-nous d'abord de Mercure et de Vénus.

Il est clair que le spectateur, qui suivra ces deux planètes dans leurs révolutions, les verra exécuter un mouvement de va-et-vient autour de l'Étoile centrale, passant au-devant du Soleil quand le mouvement aura lieu d'Occident en Orient; derrière le Soleil, au contraire, quand il s'exécutera d'Orient en Occident. Seulement les passages que je signale n'ont lieu que rarement sur ou derrière le disque même du Soleil, par la raison que les orbites des deux planètes sont, à cause de l'inclinaison que j'ai volontairement négligée, tantôt au-dessus, tantôt au-dessous du plan de l'orbite terrestre.

En outre, la Terre se mouvant elle-même et dans le même sens, mais relativement avec plus de lenteur, il devra en résulter que la durée d'une oscillation complète apparente sera plus grande que la durée réelle des révolutions de Vénus et de Mercure.

Tels sont en effet les mouvements apparents des

deux planètes inférieures sur la voûte du Ciel. Elles s'éloignent toutes deux très-peu du Soleil, Vénus à une distance à peu près double de celle de Mercure.

Passons maintenant aux planètes extérieures dont les orbites enveloppent l'orbite de la Terre. Ici je réclame l'attention de mes lecteurs, car je touche à un point parfaitement net, mais très-délicat, de la concordance des mouvements apparents et des mouvements réels.

Supposez, en rase campagne, un poteau fixé au centre d'un cercle de dix mètres de diamètre, par exemple ; puis, se mouvant uniformément le long de la circonférence du cercle, un observateur, dont l'œil peut embrasser dans tous les points de sa course la partie de l'horizon qui lui fait face. Divers objets, des arbres, des pierres, des maisons lui serviront de repères pour l'expérience qui nous occupe.

Maintenant, imaginez à cent mètres du même centre, un second observateur, qui restera d'abord immobile, et notez le point de l'horizon qu'il cache aux yeux du premier observateur, au moment où celui-ci commence sa course autour du poteau central. Pour plus de clarté, je supposerai encore que ce dernier est en ligne droite avec le poteau central, le second observateur et un objet quelconque, un

6.

tronc d'arbre, par exemple, situé à l horizon a une grande distance.

Avant de continuer, je vous prierai de relire ce passage, afin de vous bien pénétrer de la position respective des deux observateurs et des points de repère. Si vous vous donnez la peine de suivre avec attention et exactitude ce que je vais dire, vous aurez compris nettement, j'ose le croire, l'un des phénomènes célestes qui ont le plus longtemps arrêté les astronomes, retardé la découverte du véritable système du monde, et qui sont, depuis Copernic, la plus éclatante confirmation de la vérité de ce système : le phénomène des stations et des rétrogradations des planètes supérieures.

J'engage donc ceux de mes lecteurs qui auront la patience d'exécuter eux-mêmes la petite expérience que j'imagine, à ne point se contenter de cette lecture attentive. C'est un sacrifice d'une demi-heure que je sollicite de leur curiosité ; pour compensation, ils auront la satisfaction d'avoir parfaitement compris.

Cette parenthèse fermée, je continue.

Faisons partir maintenant notre premier observateur — c'est vous-même, je suppose, — le long du cercle, de droite à gauche, pour fixer les idées. A mesure que vous décrirez le premier quart de la circonférence, vous verrez votre compagnon, bien qu'immobile, se déplacer en apparence, découvrir l'arbre qu'il cachait, et s'avancer peu à peu de droite à gauche.

Quand vous arriverez à la fin de votre premier quart et au commencement du second, il vous paraîtra un moment stationnaire, puis, rebroussant chemin, il semblera faire, en sens inverse, le même trajet pour cacher de nouveau l'arbre qui vous sert de repère à l'horizon. Vous avez, en ce moment, accompli moitié de votre course circulaire.

En parcourant l'autre moitié, vous verrez l'observateur se déplacer de gauche à droite, s'arrêter une seconde fois et revenir enfin au point de départ, au moment précis où votre course sera terminée.

A chaque tour que vous ferez, se succéderont dans le même ordre les mêmes phénomènes.

Mais pourquoi ai-je choisi un second spectateur au lieu d'un objet inanimé, qui l'eût, ce semble, parfaitement remplacé? Le voici :

Au lieu de supposer maintenant notre observateur immobile, nous allons le faire mouvoir dans le même sens que vous autour d'un cercle ayant le même centre que le vôtre, mais alors d'un diamètre de cent mètres. Vous achevez votre tour en une minute; admettons qu'il lui faille, à lui, une demi-heure pour parcourir le sien. Cela revient à supposer que sa vitesse n'est que le tiers de la vôtre [1] ; et pendant que vous ferez un tour entier, il ne parcourra que la trentième partie de son propre cercle.

Qu'en résultera-t-il pour les mouvements apparents de station et de rétrogradation que vous avez observés tout à l'heure? Qu'ils seront accélérés ou ralentis dans une certaine proportion ; mais, et cela n'est pas moins clair, qu'ils subsisteront toujours dans le même ordre.

Eh bien, c'est là précisément ce qui arrive pour la Terre et une planète supérieure, Saturne par exemple.

Le poteau central n'est autre que le Soleil; c'est vous qui représentez la Terre, et le cercle que vous avez décrit est son orbite annuelle. Le second observateur placé à cent mètres est Saturne, qui met environ trente ans à accomplir sa révolution. Les points de repère situés à l'horizon sont les étoiles parsemées dans le ciel et que leur grande distance nous fait paraître relativement immobiles. Saturne semble ainsi exécuter chaque année, devant le fond étoilé du ciel, des mouvements tantôt rétrogrades, c'est-à-dire dans le sens du mouvement de la Terre,

---

1. En effet, le premier cercle est dix fois moins grand que le second; et nous supposons qu'il est parcouru en un temps trente fois moindre. Les espaces parcourus dans le même temps sont donc dans le rapport de 8 à 1.

tantôt directs, c'est-à-dire en sens contraire de ce mouvement. A deux stations, l'astre paraît à peu près immobile. On vient de voir l'explication naturelle de ces apparences, qui ne sont que des effets de perspective. La réalité, c'est le mouvement de la Terre autour du Soleil ; c'est le mouvement de Saturne autour du même astre.

Appliquez ce que je viens d'exposer à toutes les planètes supérieures, et vous comprendrez comment les mouvements vrais se transforment sur la voûte du Ciel en mouvements apparents, d'ailleurs assez compliqués, et que l'ignorance du vrai système du monde rendait indéchiffrables pour les anciens astronomes.

Mais ces apparences, une fois débrouillées, sont devenues autant de preuves de la réalité du mouvement de la Terre autour du Soleil ; et notre globe, jadis considéré comme occupant dans la hiérarchie des corps célestes une place exceptionnelle, fut enfin relégué à son véritable rang parmi les satellites de l'étoile centrale du système.

HUITIÈME CAUSERIE

—

Système solaire. — Mouvements de translation ou de révolution;
ils s'effectuent tous dans le même sens, d'Occident en Orient. —
Les lois de Képler; formes des orbites; loi des aires; rapports
entre les durées des révolutions et les longueurs des grands axes.
— Perpétuité de notre système.

Avant de commencer cette causerie, dois-je laisser
connaître toute ma pensée? J'ai peur qu'à la lecture
seule du titre, on ne soit tenté de laisser là et le livre
et l'auteur. Lois, mouvements, systèmes sont des
mots qu'en Astronomie on est habitué à voir accompagnés soit de figures géométriques plus ou moins
compliquées, soit de formules mathématiques plus
grimaçantes encore et plus obscures. Le mode ordinaire d'exposition, fort convenable pour les ouvrages
techniques, ôte trop souvent au sujet lui-même tout
ce qu'il a d'attrayant.

Mais qu'on se rassure. Le but que je me propose
n'exige point un tel attirail.

S'il fallait exposer, dans leur ordre chronolo-
gique, les différents systèmes imaginés pour l'explication des mouvements apparents des astres, ou encore
s'il s'agissait, par une démonstration rigoureusement
mathématique, de déduire de ces apparences la théorie des mouvements réels, enfin de montrer comment tous ces phénomènes se rattachent aux principes
de la physique et de la mécanique rationnelle, je vous
préviendrais à l'instant, et je ferais, sans miséricorde,
appel à la géométrie, à la trigonométrie, à l'algèbre,
voire même au calcul infinitésimal.

Il n'en est rien, heureusement.

Nous avons passé en revue, énuméré les différents
corps qui composent le monde solaire ; nous les avons
rangés dans l'ordre de leurs distances à l'Étoile centrale, comme aussi dans l'ordre de leurs grosseurs.

Ce que je voudrais maintenant, c'est vous donner
une idée juste, claire, des lois vraies de leurs mouvements. On s'étonne toujours, quand on n'a point mé-
dité sur les phénomènes de la pesanteur générale et
sur les lois de l'équilibre et du mouvement, de voir
se balancer dans le vide ces corps gigantesques. On se
demande quelle force suspend ainsi dans le ciel le
globe enflammé du Soleil, et la masse lunaire et celle
de ces astres innombrables qui étincellent au firmament. Et, si la science n'était là avec ses déductions

rigoureuses de principes et d'axiomes que l'expérience ne permet pas de révoquer en doute, on finirait par revenir aux commodes et naïves croyances qui ne voyaient dans les étoiles que des flambeaux allumés la nuit, éteints le jour, sans autre réalité matérielle.

La pesanteur universelle, les mouvements de rotation et de translation auxquels obéissent tous les astres, rendent compte à la raison de cette suspension, de prime abord si merveilleuse.

Etudions donc et décrivons ces mouvements. Nous reviendrons une autre fois sur la gravitation universelle.

Nous avons vu que le Soleil entraîne avec lui tout son cortége de planètes, de satellites et de comètes, dans un orbe encore inconnu, maîtrisé sans doute par un astre énorme ou par un groupe d'astres. Dans ce mouvement, dont la vitesse est d'ailleurs relativement assez petite [1], les corps du système solaire conservent entre eux et avec le Soleil les mêmes positions respectives, de sorte que leurs évolutions parti-

1. Tandis que la vitesse de translation de la Terre autour du Soleil est d'environ 30 kilomètres, celle du système solaire, dans son mouvement vers la constellation d'Hercule, n'est guère que de 8 kilomètres par seconde.

u..ières s'exécutent identiquement comme si le Soleil et ses satellites continuaient à occuper le même lieu de l'espace.

On peut donc, pour étudier les mouvements des planètes, feindre que le Soleil est immobile, ou, pour parler plus juste, que son centre est fixe dans l'espace.

Eh bien, c'est autour de ce centre que se meuvent toutes les planètes sans exception. Elles décrivent ainsi, dans des périodes différentes, avec des vitesses distinctes, des courbes ou orbites de dimensions inégales, conservant chacune, par rapport au Soleil, foyer ou pivot de leurs mouvements de révolution, les mêmes moyennes distances.

C'est à Copernic (1543) qu'on doit la découverte du véritable système du monde, de celui qui place le Soleil au centre du mouvement de la Terre et des autres planètes. Son ouvrage des *Révolutions célestes*, condamné par la congrégation de l'Index, rend à jamais immortel le nom du chanoine de Thorn.

Tout n'est pas dit cependant, quand on sait que Vénus, Mercure, la Terre, Jupiter et toutes les planètes circulent autour du Soleil. N'y a-t-il pas, entre tous ces mouvements, des relations de durée et de vitesse, et, entre les courbes décrites, des rapports particuliers de forme?

Telle est la question que posa Képler et qu'il résolut après dix-sept années de travaux assidus, d'observations et de recherches opiniâtres.

Les lois immortelles auxquelles il a donné son nom, et qu'il a formulées soixante-seize ans après la découverte du système du monde par Copernic, sont un de ces monuments du génie de l'homme qui font l'éternelle gloire de leurs constructeurs. Rien n'égale la sublimité de ces trois grandes lois de tous les mouvements des astres, si ce n'est leur simplicité.

Avant d'en donner l'énoncé, qu'on me permette de continuer la description des mouvements planétaires.

Prenons pour exemple le mouvement de la Terre. La courbe que notre globe décrit annuellement autour du centre du Soleil est plane [1], et ce centre reste continuellement dans le prolongement idéal du plan sur lequel cette courbe est tracée.

Cette circonstance est la même pour les courbes que décrivent toutes les autres planètes. Chaque orbite est plane, et le plan de chacune passe aussi par le centre du Soleil. Seulement tous ces plans prolongés ne coïncident pas entre eux; ils sont tous plus ou moins inclinés les uns sur les autres, ou, si l'on veut,

1. Une ligne d'une forme quelconque est dite plane, quand tous les points qui la composent sont situés sur un même plan, ce plan fût-il imaginaire ou mieux idéal, comme c'est ici le cas.

sur le plan de l'orbite terrestre, auquel nous sommes convenus de comparer tous les autres.

Néanmoins cette inclinaison est assez faible pour que toutes les orbites et leurs plans, prolongés indéfiniment sur la voûte céleste, aillent couper cette voûte idéale dans une zone assez restreinte, que les astronomes ont désignée sous le nom de Zodiaque.

La Terre décrit son orbite annuelle de telle façon que son pôle nord reste toujours d'un côté du plan, — au-dessus, si l'on veut, — tandis que le pôle sud est toujours de l'autre côté ou au-dessous.

Pour avoir une idée précise de la direction de ce mouvement, plaçons un observateur sur la partie supérieure du plan, au centre de l'orbite ou dans le Soleil, de sorte que sa tête soit dans l'hémisphère nord du ciel, les pieds dirigés vers l'hémisphère sud ou austral. Dans cette situation, le spectateur verra la Terre tourner de droite à gauche, c'est-à-dire d'Occident en Orient, ce qui est aussi le sens de son mouvement de rotation.

Or, c'est précisément dans ce même sens qu'il verra tourner sans exception toutes les planètes.

Telle est la direction du mouvement de révolution des planètes autour de l'astre vers lequel elles gravitent. Telle est aussi la direction, — je puis le dire dès maintenant, — des mouvements de circulation des corps satellites que certaines planètes entraînent autour d'elles. Ainsi la Lune se meut d'Occident en Orient autour de la Terre.

Résumons et formulons ce que nous venons de constater.

Les planètes décrivent autour du Soleil des orbites planes, et le centre du Soleil est dans le plan de chaque orbite ;

Le sens du mouvement de révolution est le même pour toutes les planètes. Ce mouvement s'effectue toujours d'Occident en Orient.

Jusqu'à présent rien de plus simple, il me semble. Vous allez voir que les lois découvertes par Képler n'ont rien de beaucoup plus compliqué.

Quelle est la forme de l'orbite réelle de la Terre ? Est-ce un cercle parfait dont le Soleil est le centre ? Est-ce un cercle excentrique au Soleil ? Ni l'un ni l'autre. Tout le monde, je crois, connaît le genre d'ovale auquel on donne le nom vulgaire d'*ovale du jardinier* et dont la description sur le terrain est extrêmement simple. Prenant une corde munie de fiches à ses deux bouts, plantez ces fiches en terre de manière que la corde ait une longueur supérieure à la distance qui les sépare. Puis tournez, en tendant la corde sur le plan du terrain au moyen d'une pointe en bois ou en fer; cette pointe tracera l'ovale dont je

veux parler, et que les géomètres nomment une *ellipse*. Les deux points où se trouvent les fiches se
nomment les foyers de l'ellipse. Si pour une même
longueur de la corde qui sert à décrire la courbe, on
rapproche de plus en plus les foyers, l'ellipse sera de
moins en moins ovale, ou encore approchera de plus
en plus de la forme circulaire. On finit par décrire un
cercle, quand les deux foyers viennent à se rejoindre
en un seul point.

Telle est la nature des courbes décrites autour du
Soleil par la Terre et par les autres planètes.

Et la première *loi de Képler* se formule ainsi :

*Les orbites des Planètes sont des Ellipses dont le
Soleil occupe un des foyers.*

Si le Soleil occupe un foyer de l'Ellipse, il en résulte
que la planète considérée, la Terre par exemple, est
tantôt plus rapprochée, tantôt plus éloignée du Soleil.
Le disque solaire doit donc, suivant les époques de
l'année, être tantôt plus gros, tantôt plus petit en apparence. L'observation constate ce fait, et les variations sont rigoureusement en rapport avec les distances.

C'est sur la ligne droite joignant ces deux foyers,
— on nomme cette ligne *grand axe* de l'Ellipse, —
que se trouvent la plus petite distance et la plus
grande. Ces deux distances diffèrent de plus d'un

million de lieues, du moins pour la Terre, de sorte que, pendant l'été de notre hémisphère boréal, la Terre est plus éloignée du Soleil que pendant l'hiver, d'environ un million de lieues. Le contraire arrive pour l'hémisphère austral [1].

Maintenant, arrivons à la question de vitesse.

Une planète en parcourant son orbite elliptique conserve-t-elle une vitesse constante? Autrement dit, son mouvement est-il uniforme? Il n'en est rien.

Comme on pouvait le pressentir, à la variation des distances au Soleil correspond une variation dans la vitesse. La planète se meut d'autant plus vite, qu'elle s'approche plus du foyer; elle ralentit au contraire son mouvement, à mesure qu'elle s'en éloigne. D'a-

[1]. Si l'on compare au demi-grand axe de l'Ellipse la demi-différence qui existe entre la distance minimum et la distance maximum de la planète au Soleil, c'est-à-dire si l'on fait la division arithmétique de l'un de ces nombres par l'autre, le quotient obtenu est ce que les géomètres appellent l'*excentricité*.

Il en résulte que l'excentricité la plus grande correspond à l'Ellipse la plus allongée; la plus petite, à l'Ellipse qui se rapproche le plus du cercle.

Mercure, parmi les grandes Planètes, Junon pour les petites, offrent les excentricités les plus considérables. Vénus et Neptune décrivent des Ellipses presque circulaires.

Les comètes décrivent des orbites dont l'excentricité est généralement considérable, par conséquent, des Ellipses extrêmement allongées.

pres quelle loi? C'est ce que nous apprend la seconde formule de Kèpler.

Imaginons qu'on divise l'orbite d'une planète en portions parcourues pendant des intervalles de temps égaux. D'après ce que nous venons de dire, la vitesse étant variable, les longueurs de ces portions de courbe ne seront point égales, sans quoi le mouvement serait uniforme. Ces longueurs seront d'autant plus grandes qu'elles correspondront à des positions de la planète plus rapprochées du Soleil. Entre ces parties de courbe inégales entre elles il existe un rapport cependant.

Quel est ce rapport?

Joignons au Soleil les différentes extrémités des arcs que nous venons de déterminer; nous formerons ainsi des sortes de triangles ayant leurs sommets au foyer solaire, et dont les bases seront les arcs de courbe en question; arcs parcourus, je le répète, en des temps égaux.

Eh bien, les aires ou surfaces de ces triangles sont toutes égales entre elles. Telle est la seconde loi de Kèpler.

J'engage ceux de mes lecteurs qui voudront approfondir cette loi, d'un énoncé si simple, à tracer sur le papier, par un procédé analogue à celui des jardiniers, une ovale ou ellipse, à l'un des foyers de laquelle ils supposeront le Soleil ; puis, à tracer de ce foyer à la courbe une série de lignes droites qu'on nomme en géométrie des *rayons vecteurs*; de manière à diviser ainsi la surface de l'ovale en tranches triangulaires ; ils reconnaîtront facilement que pour obtenir égalité entre les surfaces de ces triangles, il est nécessaire que les plus voisins du foyer, ou les plus courts, aient des bases plus larges.

S'ils réussissent à former des triangles égaux, ils auront par cela même divisé l'orbite en arcs parcourus par la planète en des temps égaux.

Ils comprendront alors, j'en suis sûr, l'énoncé de la seconde loi de Képler, ainsi formulée :

Les aires des espaces balayés par les rayons vecteurs des planètes en des temps égaux sont égales,

Ou, ce qui revient au même :

Les aires des espaces balayés par les rayons vecteurs des planètes sont proportionnelles aux temps employés à les parcourir.

Je n'insiste pas davantage ; j'ai la conviction que mes lecteurs m'ont compris. Toutefois, qu'ils veuillent bien remarquer que j'expose : je ne démontre point. Ces grandes lois, si importantes, si fécondes par les innombrables conséquences que l'Astronomie en a tirées, et si simples pourtant, n'est-il pas désirable d'en faire comprendre au moins avec netteté la formule ? C'est le but que je m'efforce d'atteindre, sans requérir d'autres notions que les données géométriques les plus simples, d'autre instrument que la raison, d'autre secours qu'un peu d'attention et de bonne volonté.

Il me reste à vous parler de la troisième loi de Képler.

Cette loi régit les durées des révolutions entières des planètes autour du Soleil, comparées aux longueurs diverses des grandes axes de leurs orbites.

Je me propose de faire bientôt avec vous quelque pérégrinations dans les planètes principales : j'aurai l'occasion de vous parler alors du temps que met chacune d'elles à accomplir, autour de notre étoile solaire, son mouvement de révolution.

Ces durées sont bien inégales : elles varient de trois mois environ à près de 165 années. Elles sont d'autant plus longues que les planètes sont à de plus grandes distances du Soleil. Du reste, en voici le tableau :

	Jours.		Jours.
Mercure......	88	Jupiter......	4332
Vénus........	225	Saturne......	10759
La Terre......	365	Uranus.	30687
Mars.........	687	Neptune.....	60127

Les 77 petites planètes de 1147 à 2342.

C'est entre ces nombres, dont je donne ici la valeur approximative à un jour près, et ceux qui mesurent les grands axes des orbites planétaires, dont voici les valeurs approximatives, qu'existent les rapports dont Képler a donné la formule dans sa troisième loi.

	Grands axes.		Grands axes.
Mercure	0.387	Jupiter	5.203
Vénus......	0.723	Saturne.....	9.539
La Terre....	1.000	Uranus	19.183
Mars........	1.524	Neptune....	30.040[1]

Les 77 petites planètes de 2.145 à 3.452.

Qu'on multiplie par eux-mêmes tous les nombres mesurant les durées des révolutions, on formera ce qu'on nomme en arithmétique leurs *carrés*. On aura ce qu'on appelle les *carrés des temps* des révolutions.

Faites de même les carrés des nombres qui mesurent les grands axes, multipliez encore les produits obtenus par les nombres eux-mêmes, vous obtiendrez pour produits les *cubes des grands axes*.

Or, prenez deux carrés de la première série et divisez-les l'un par l'autre; prenez de même les deux cubes correspondants de la seconde série, que vous diviserez pareillement, vous trouverez toujours entre

1. Le grand axe de l'orbite terrestre est pris partout pour unité.

les deux premiers nombres le même rapport qu'entre les deux derniers : c'est dire que les quotients seront identiques, quelles que soient les deux planètes ainsi comparées [1].

1. Si les deux planètes considérées changent, les deux quotients changent aussi, mais en restant égaux entre eux : c'est cette égalité qui fait la loi. Je vais exécuter les calculs pour ceux de mes lecteurs qui aiment à se rendre compte par eux-mêmes de l'exactitude des résultats avancés. Je prendrai pour exemple les planètes *la Terre* et *Mars*.

Les durées de leurs révolutions exprimées en jours, et à un millième de jour près, sont :

  Pour la Terre......... 365 jours 256 mill.
  Pour Mars............. 686   980

Les grands axes de leurs orbites, exprimés pour plus de clarté en lieues de quatre kilomètres, sont :

  Grand axe de l'orbite terrestre...... 76.400.000 lieues.
  Grand axe de l'orbite de Mars...... 116.400.000 —

Formons les carrés des révolutions ou des temps périodiques, nous trouverons les nombres :

  Pour la Terre.................. 133.411.945.536
  Pour Mars.................. 471.941.520.400

Faisons maintenant les cubes des grands axes, ou des doubles moyennes distances; ils sont :

  Pour la Terre...... 445.943.744.000.000.000.000
  Pour Mars........ 1.577.098.944.000.000.000.000

Maintenant enfin, divisons les carrés des temps l'un par l'autre, le quotient sera 3.537. Puis aussi, divisons les cubes l'un par l'autre, le nouveau quotient sera 3.537, c'est-à-dire identique au premier.

C'est dans cette identité des rapports ainsi obtenus que consiste la troisième loi de Képler.

Qu'on me pardonne l'aridité de ces détails en faveur de l'intention.

C'est ce que Képler et après lui les astronomes énoncent ainsi :

Les carrés des temps des révolutions des planètes autour du Soleil sont proportionnels aux cubes de leurs moyennes distances à cet astre.

La durée des révolutions planétaires est donc intimement liée à la longueur des grands axes des orbites, ou, ce qui revient au même, à celle des moyennes distances au Soleil. Et comme cette dernière longueur est invariable, ainsi que Laplace l'a démontré, on en peut conclure avec certitude qu'il en est de même de la durée des révolutions.

Ainsi l'année terrestre conserve perpétuellement sa durée, quelles que soient les variations auxquelles le mouvement de la Terre est soumis d'ailleurs, et le grand nom de Képler sera éternellement uni à la découverte de cette loi remarquable de la perpétuité de notre système.

Ajoutons que les trois lois de Képler ne régissent pas seulement les planètes, mais encore leurs satellites; de sorte que la Lune, par exemple, observe vis-à-vis de la Terre les mêmes lois que celle-ci à l'égard du Soleil. Il en est de même des quatre satellites de Jupiter, des huit satellites de Saturne, de ceux d'Uranus et de Neptune, considérés dans leurs mouvements autour de leurs planètes respectives.

Enfin les mêmes lois régissent encore les mouvements des astres situés au delà de notre monde, ceux
des soleils doublés ou triples dont je vous ai entretenus dans nos premières causeries.

Képler, croyez-le bien, a sué sang et eau avant
d'arriver à ces résultats, en apparence si simples, et
que nous avons formulés en quelques lignes. L'œuvre de géant qu'il avait entreprise et qu'il a menée à
bout, à force de génie et de volonté, aurait rebuté
cent fois une intelligence moins virile, moins péné-
trée d'une foi profonde en la nature, moins exaltée
par un noble orgueil.

Il est impossible de n'être point ému lorsqu'on
lit, dans ses *Harmonices mundi*, le passage où il annonce la découverte de sa troisième loi :

« Après avoir trouvé les dimensions véritables des
orbites, grâce aux observations de Brahé et à l'effort
continu d'un long travail, enfin, j'ai découvert la
proportion des temps périodiques à l'étendue de ces
orbites. Et si vous voulez en savoir la date précise,
c'est le 8 mars de cette année 1618 que, d'abord con-
çue dans mon esprit, puis maladroitement essayée
par des calculs, partant rejetée comme fausse; puis
reproduite le 15 de mai avec une nouvelle énergie,
elle a surmonté les ténèbres de mon intelligence ; si
pleinement confirmée par mon travail de dix-sept

ans sur les observations de Brahé, et par mes propres médilations parfaitement concordantes, que je croyais d'abord rêver et faire quelque pétition de principe ; mais plus de doute : c'est une proposition très-certaine et très-exacte... »

Maintenant, que signifient ces trois lois isolées ? Pourquoi cette forme particulière d'Ellipses affectée par les chemins que parcourent les planètes autour du Soleil ? Pourquoi cette proportionnalité des temps et des aires, et d'où vient ce singulier rapport numérique entre les dimensions des orbites et les durées des révolutions ? Enfin, quel lien existe-t-il entre ces trois lois mêmes ?

C'est ce qu'il ne fut pas donné à Képler de découvrir, bien qu'il ait ébauché pour ainsi dire cette grande synthèse. C'est à Newton qu'en revient la gloire.

Il reconnut que ces magnifiques lois, dont la découverte exigea elle-même l'intelligence du vrai système géométrique du monde, sont une conséquence naturelle et nécessaire d'une loi supérieure. Que dis-je, il reconnut ? Il démontra cette solidarité qui assimile les phénomènes de mouvements des corps célestes à la chute des corps graves à la surface de notre globe. Extension sublime des belles découvertes du grand Galilée, à la mécanique des mondes !

NEUVIÈME CAUSERIE

—

Il y a sur la Terre, suivant les calculs plus ou
moins dignes de foi des géographes, mille millions à
peu près d'êtres doués d'une certaine intelligence ;
çà et là travaillant, naviguant, pillant au besoin et
s'entre-tuant gentiment les uns les autres. Cette four-
milière vit sur un globe à peine dégrossi, qu'elle ne
connaît guère, usant ses facultés et ses forces à se
disputer, de groupe à groupe, quelques bandes de
terre, quelques lisières de montagnes, tandis que les
deux tiers de son domaine restent en friche et inha-
bités. Le plus clair de ses ressources lui provient de

la fécondité naturelle du sol, laborieusement solli-
citée par d'incessants travaux, mais en somme, obte-
nue par certaines combinaisons de lumière, d'humi-
dité et de chaleur.

Eh bien, interrogez les neuf cent quatre-vingt-
dix-neuf mille neuf cent quatre-vingt-dix-neuf mil-
lionièmes de cette agglomération encore barbare qu'on
nomme l'humanité, et vous serez bien heureux si,
dans ce nombre, vous en trouvez un qui ait une
idée même confuse de ce qu'est la Terre qu'il habité,
qui le nourrit, de ce qu'est le Soleil qui le réchauffe
et l'éclaire. Vous n'en trouverez guère plus désirant
le savoir, ou qui se soient même, une fois dans leur
vie, posé sérieusement ces questions. Eh! gagner son
pain de chaque jour, à la sueur de son front, produire deux pour récolter un sont choses si dures que,
pour mon compte, je pardonne bien volontiers cette
ignorance, cette indifférence involontaire.

Mais ce qui me choque, c'est de voir tant de braves
gens, à qui leur fortune permet de développer leur
intelligence, qui héritent sans peine du privilége de
vivre sans rien faire, tuer leurs loisirs en futilités et
en intrigues. Apprendre, pour eux d'abord, puis
transmettre ce qu'ils savent à ceux dont ils absorbent
les produits, serait, ce me semble, un moyen assez
bien imaginé de faire excuser leur parasitisme.

Il faut avouer, pour être juste, qu'on fut longtemps à connaître un peu la Terre, plus longtemps encore à connaître le Soleil. *Le style figuré* nuisit à la découverte du vrai, et, depuis les mythologues grecs, qui firent du Soleil un char étincelant traîné par des chevaux de feu et conduit par Apollon, jusqu'à saint Augustin, qui tonna contre la croyance aux antipodes, croyance alors hérétique s'il en fut[1], le mélange du sacré et du profane ne fit que répandre dans le vulgaire les plus fausses idées.

Servons-nous donc de la langue des hommes, ainsi que le recommande le sage Usbeck, et embarquons-nous pour le Soleil.

De la Terre où nous sommes, la grandeur apparente du disque solaire est d'environ la trois cent soixantième partie du demi-cercle de la voûte du ciel, c'est-à-dire en moyenne d'un demi-degré. En l'examinant au moyen d'un verre coloré, ou encore par un ciel brumeux, il est facile de constater sa forme parfaitement ronde ; mais ce n'est là qu'une approximation grossière. C'est au moyen d'un instrument que les astronomes appellent *héliomètre*, qu'on a pu prouver la parfaite égalité des diamètres du disque.

---

1. Boniface, archevêque de Mayence, et légat du pape Zacharie (viiie siècle), déclara hérétique un évêque nommé Virgile — nom bien païen — pour avoir soutenu qu'il y a des antipodes.

Comment ce corps éblouissant n'est-il qu'une simple étoile, ainsi que nous l'avons reconnu? C'est là ce qu'on s'imagine tout d'abord assez difficilement. Cependant, reculez le Soleil, par la pensée, jusqu'à l'étoile la plus voisine, il se trouvera 200,000 fois plus loin de nous, et la grandeur de son diamètre apparent sera diminué dans la même proportion, c'est-à-dire, tout calcul fait, ne sera plus guère que la centième partie de la *seconde*, qui est elle-même la trois mille six centième partie du degré. En vérité, la largeur de ce disque ne sera plus que la dixième partie de la plus petite quantité angulaire, que les instruments les plus parfaits et les observateurs les plus habiles soient parvenus à mesurer. La surface apparente du disque solaire, à cette distance, qui est celle de l'étoile Alpha du Centaure, ne serait plus que la quarante millionième partie de la surface actuelle. Le Soleil se trouverait donc réduit à l'apparence d'un point lumineux, c'est-à-dire à celle que présente une étoile quelconque. Nous voilà donc assurés d'un fait, que j'avais d'abord avancé sans preuves.

Le Soleil nous paraît-il toujours d'égale grandeur? Non; et la raison en est simple : la Terre décrivant autour de lui une courbe qui n'est pas un cercle, mais une ellipse ayant le Soleil à son foyer, les distances varient sans cesse. J'en ai fait la remarque en parlant des lois de Képler. Or, c'est pendant l'hiver de notre hémisphère boréal que la distance de la Terre au Soleil est la plus petite, en été qu'elle est la plus grande, et le rapport entre ces distances extrêmes est environ celui des nombres 59 et 61. Tel est donc aussi, à très-peu près, mais dans un ordre inverse, le rapport des dimensions apparentes du Soleil, en hiver et en été, pour nos régions.

Il est déjà facile d'en conclure que la température des saisons de notre hémisphère n'est pas due à la plus ou moins grande proximité du Soleil [1]. Mais l'occasion d'expliquer ce qu'il y a, au premier abord, de paradoxal dans ce fait, viendra naturellement quand nous étudierons les phénomènes d'astronomie particuliers à la Terre, et la cause de l'alternative des saisons.

Je ne parlerai pas de ce que tout le monde connaît, de l'éclat prodigieux de la lumière solaire, qu'aucune vue ne peut soutenir sans danger, de l'illumination de l'atmosphère par cette lumière, illumina-

----

1. Le rapport des surfaces du disque solaire est, dans ces deux cas, à peu près celui des carrés de 61 et de 59, c'est-à-dire égal au rapport des nombres 3721 et 3481. La lumière et la chaleur que la Terre reçoit du Soleil en été étant donc représentées par 3481, celles que nous recevons en hiver le sont par le nombre 3721.

tion si forte que, par un temps pur, c'est à peine si l'œil la peut supporter. Il suffit, pour se faire une idée de l'intensité du fond du ciel pendant une bonne journée, de remarquer qu'elle fait disparaître les plus brillantes étoiles, et cela bien avant d'être arrivée à son maximum. Quant à la lumière même du Soleil, c'est alors seulement qu'elle est tamisée par son passage à travers les nuages, qu'elle devient supportable à la vue de l'homme.

Cependant le soir et le matin, à son coucher et à son lever, le Soleil est accessible à la vue simple, ses rayons se trouvant considérablement affaiblis par leur passage oblique à travers les couches inférieures de l'atmosphère plus chargées de brumes que les parties supérieures. En hiver aussi, quand le brouillard s'élève, il arrive assez souvent qu'on peut contempler nettement le disque ; les brouillards tiennent alors lieu de verre coloré.

Enfin, je ne m'arrêterai point à l'analyse de cette lumière, qui est ce qu'on nomme la lumière blanche, ni à sa décomposition en sept couleurs fondamentales, parce que tout cela n'est plus de l'astronomie, mais de la physique.

Au premier aspect, si l'on se contente d'examiner le Soleil dans les circonstances que je viens de rap-

peler, l'éclat du disque paraît uniforme et parfaitement pur. Mais il n'en est plus de même, lorsqu'on
l'examine attentivement, avec un grossissement quelconque. Alors apparaissent sur sa surface des taches
plus ou moins noires, des parties plus brillantes que
le fond même du disque, variables de forme, de
nombre et de position; phénomènes curieux dont
l'étude raisonnée a permis d'émettre, sur la constitution physique du foyer de notre monde, des conjectures d'une grande probabilité.

Mais faites comme moi, je vous prie, prenez une
lunette astronomique ou même une simple longue-
vue, munissez l'oculaire d'un verre coloré et bra-
quez-le sur le Soleil. Voyez-vous sur le bord oriental
ou occidental, — suivant que vous observez avec la
lunette astronomique qui fait voir les objets renver-
sés ou avec la longue-vue qui les montre droits, —
voyez-vous, dis-je, cette tache noire en apparence et
de forme un peu ovale, par exemple. D'autres taches
de formes diverses parsèment peut-être çà et là la
surface du disque : ne nous en occupons pas, si vous
voulez bien, pour cette fois.

Notez avec le plus d'exactitude possible la position
de la tache observée. Faites de même pendant plusieurs jours consécutifs : vous la verrez s'approcher
progressivement vers le centre, se mouvant lente-

ment les premiers jours, puis de plus en plus vite
jusqu'au septième environ, jour où elle atteindra le
centre même. Vous remarquerez que la forme ovale
s'est ainsi progressivement élargie, sans que la tache
ait augmenté dans le sens de la longueur.

Continuez les mêmes observations pendant sept
jours encore : du centre, la tache se sera avancée
vers le bord opposé, sa vitesse diminuant à mesure
et en sens précisément inverse de sa progression première. Enfin elle disparaîtra à cette époque, pour
redevenir visible, après une nouvelle période de quatorze jours, à l'endroit même où elle avait apparu
d'abord.

Tout ne s'est-il point passé comme si un corps noir
s'était mu à la surface du globe solaire d'un mouvement réel uniforme? Oui, sans doute, puisqu'alors
l'effet de la perspective doit produire pour l'observateur une variation apparente de vitesse et de forme,
telle que la donne en effet l'observation. Mais toutes
les taches, quelles qu'elles soient, mettent le même
temps à accomplir cette révolution autour du globe.
C'est donc le corps du Soleil qui se meut lui-même
et tourne autour d'un axe idéal, entraînant avec lui
les accidents que présente sa surface. On ne peut
soutenir, en effet, que les taches soient produites par
l'interposition de corps opaques, circulant en avant

du Soleil, puisque dans cette hypothèse la variation de vitesse, au lieu d'être précisément semblable à celle d'un corps qui se meut sur une sphère, suivrait sans doute une toute autre loi : une telle similitude n'aurait aucune raison d'être. Le changement de forme, si facile à comprendre quand on admet la rotation du Soleil, serait en outre inexplicable. Enfin la circonstance particulière de l'égalité de durée pour l'accomplissement d'une entière révolution des taches, quelles que soient leurs positions sur le disque, et le parallélisme de leurs mouvements ne permettent pas non plus d'admettre que ces taches soient des corps ayant un mouvement propre sur le disque immobile du Soleil.

Nous aurons donc de la sorte constaté un mouvement de rotation du Soleil sur lui-même, d'Occident en Orient, c'est-à-dire dans le sens même du mouvement de translation de la Terre. Combien de temps aura-t-il mis en apparence à accomplir ce mouvement ? Vingt-sept jours et demi environ.

Mais pourquoi ai-je dit : *en apparence ?* Le voici :

Si pendant les vingt-sept jours et demi que la tache observée a mis à accomplir sa révolution autour du globe solaire, la Terre était restée immobile en face du Soleil, n'est-il pas clair que la durée réelle et la durée apparente de la rotation seraient précisé-

ment une seule et même chose? Or, il n'en est rien.
En vingt-sept jours et demi, la Terre se meut autour
du Soleil dans le même sens que la tache observée,
et entraîne avec elle l'observateur. On conçoit alors
que ce dernier voie cette tache, plus longtemps qu'il
ne l'eût fait sans ce mouvement de translation. Il arriverait même qu'il ne la perdrait jamais de vue et
qu'elle paraîtrait immobile, si le mouvement angulaire de translation de la Terre était aussi rapide que
le mouvement de rotation du Soleil. Mais il n'en est
rien; et un calcul très-simple permet d'obtenir la
durée réelle de cette rotation, qu'on a trouvé de
vingt-cinq jours et demi environ.

Ce n'est donc pas la même face, le même hémisphère que nous présente le Soleil dans cet intervalle,
mais bien successivement toutes ses faces.

Étudions maintenant dans leurs détails ces phénomènes qui viennent de nous servir à démontrer le
mouvement de rotation de notre étoile centrale.

Les taches se montrent en général plus nombreuses
dans les régions voisines de l'équateur solaire. Il est
rare qu'elles s'en écartent au point d'atteindre la latitude de 45°, à égale distance des pôles de rotation e
de l'équateur. Enfin, on n'en a jamais observé dan
les régions polaires du Soleil.

Les taches sont très-variées de forme et de gran-

deur. On en a vu dont le diamètre était plus de dix
fois supérieur à celui de la Terre, c'est-à-dire de plus
de 30,000 lieues. Elles ne sont pas permanentes, apparaissent presque subitement et, le plus souvent,
disparaissent de même, après avoir varié de grandeur et de forme pendant une période de temps qui
peut durer jusqu'à six mois. Outre leur mouvement
apparent dû à la rotation réelle du Soleil, elles ont
presque toujours un mouvement propre de déplacement, à la surface du globe solaire, quelquefois assez
rapide : c'est ainsi qu'on a trouvé, pour la vitesse
d'une tache particulière, plus de cent mètres par
seconde [1].

Les variations de forme des taches sont parfois bizarres. L'une d'elles a paru se briser, pour ainsi dire,
sur le Soleil, comme un morceau de glace projeté sur
le plan poli de la surface congelée d'où on l'a tiré ;
les fragments se sont échappés suivant les rayons
d'une étoile ayant pour centre la position de la tache
primitive.

La partie noire et centrale des taches, qu'on nomme

1. Cette circonstance du déplacement réel des taches à la surface du disque a rendu difficile la détermination précise de la
durée de la rotation. Il a fallu en effet dégager ces mouvements
partiels du mouvement général, au moyen d'un nombre considérable d'observations.

noyau, est presque toujours entourée d'une partie
moins obscure : c'est ce qu'on nomme la pénombre.
On voit, mais rarement, des taches sans pénombre,
comme aussi des pénombres dépourvues de noyau.

Dans le voisinage des taches, il existe presque
toujours des portions du disque, notablement plus
brillantes que le fond lumineux du Soleil. Ce sont
les facules. L'apparition d'une tache est presque toujours précédée de la formation de facules dans le
voisinage.

Enfin, le fond du disque, loin d'être poli comme on
le croirait au premier aspect, est couvert de rides lumineuses qu'on nomme lucules, donnant au Soleil
l'aspect d'une surface brillante pointillée par le
burin.

Telle est la description sommaire des phénomènes
variés que présente l'aspect du disque solaire. J'a-
jouterai qu'un grand nombre d'observations ont permis de conjecturer que la présence d'un nombre plus
ou moins considérable de taches coïncide avec des
variations correspondantes de la température terrestre : les années les plus chaudes sont celles où le
Soleil offre le plus de ces accidents.

Il y a aussi une connexion très-remarquable entre
les maximum et les minimum de taches observées,
— lesquels ont lieu à des intervalles périodiques

de 10 à 12 ans, — et les variations de l'aiguille aimantée.

L'observation raisonnée et détaillée de tous ces phénomènes, après un grand nombre d'hypothèses successivement admises et rejetées, avaient amené les astronomes aux données suivantes sur la constitution physique du Soleil.

Cet immense globe, dont le volume est un million quatre cent mille fois celui de la Terre, dont le diamètre est 110 fois le diamètre de cette dernière, est formé d'un noyau relativement obscur, entouré de trois atmosphères. La première, analogue à notre atmosphère nuageuse, entoure complétement le noyau ; la seconde, formée d'un gaz en ignition permanente, et nommée pour cette raison photosphère, entoure la première : c'est la source lumineuse et calorifique du Soleil même, et c'est la surface de cette photosphère qui termine à nos yeux le disque limité et défini de cet astre. La première atmosphère nuageuse intercepte les rayons les plus vifs de la photosphère, et permet de supposer jusqu'à un certain point l'habitabilité du Soleil. Enfin, au-dessus de ces deux atmosphères et rayonnant indéfiniment, s'en trouve une troisième, dont l'éclat va en décroissant sans cesse à mesure que la distance au Soleil augmente.

8.

C'est dans cette dernière couche que semblent flotter les nuages roses dont la présence a été révélée et définitivement établie par la récente éclipse totale de Soleil.

Telle était l'hypothèse la plus probable sur la constitution physique de notre étoile centrale, au moment où parut la première édition de ces causeries. Depuis, des méthodes d'analyse chimique, aussi remarquables par l'originalité de leurs principes que par la fécondité de leurs conséquences, sont venues apporter des éléments nouveaux et inattendus sur l'intéressante question de la constitution physique et chimique du Soleil. Je vais en indiquer brièvement les principaux résultats; mais je me garderai bien de négliger l'occasion qui se présente si à propos pour moi de faire remarquer que les faits dont il s'agit sont une confirmation éclatante des aperçus par lesquels je terminais cette causerie. Je reproduis donc, sans y rien changer, mes réflexions sur ce que l'on doit entendre par une *hypothèse* dans les sciences positives.

Depuis que la méthode a été formulée par Bacon, par Descartes et par les philosophes successeurs de ces puissants génies, la science s'est constituée par la combinaison de l'observation, de l'expérience et du raisonnement. L'analyse a conduit à la découverte des vérités, à la solution des problèmes; et de l'ensemble des faits particuliers et des lois spéciales, on a pu déduire la théorie, ce couronnement suprême des travaux scientifiques.

Mais, dans ce passage de l'ignorance à la science, de la connaissance imparfaite à la synthèse générale, il se présente des phases intermédiaires où la vérité est incomplétement entrevue, où la loi ne peut se formuler encore, et où cependant l'intelligence a besoin d'un fil conducteur pour relier ce qu'elle a trouvé et passer à de nouvelles découvertes.

C'est alors qu'elle émet une hypothèse. Scientifiquement parlant, l'hypothèse est donc la formule provisoire qui, dans un point quelconque de la science, explique et résume tous les phénomènes connus, sans prétendre pour cela au titre de vérité absolue. Que de nouveaux phénomènes se révèlent, de deux choses l'une : ou bien l'hypothèse adoptée en donne une explication rationnelle, ou elle ne peut en rendre compte et leur est même contradictoire. Dans le premier cas, l'hypothèse subsiste, est même confirmée ; dans le second cas, le savant rejette, démolit cet échafaudage insuffisant, et construit une nouvelle formule, une hypothèse nouvelle, jusqu'à ce que des observations, des expériences, des raisonnements décisifs, aient enfin fait passer l'ensemble des faits et des lois dans le domaine indestructible de la science démontrée.

C'est le second cas qui vient de se présenter pour l'hypothèse la plus généralement adoptée jusqu'ici sur la constitution du Soleil. L'analyse nouvelle, connue sous le nom d'*analyse spectrale*, parce qu'elle est fondée sur l'examen du spectre des sources lumineuses et des raies obscures ou brillantes que ce spectre renferme, a révélé tout récemment toute une série de faits qui, sans contredire précisément l'hypothèse antérieure, obligent du moins à la modifier.

D'après ces faits, le globe du Soleil n'est pas simplement un solide ou un liquide à l'état d'incandescence. Sur ce point, l'hypothèse nouvelle s'accorde avec l'hypothèse précédente.

Mais le globe solaire n'est pas davantage une masse gazeuse enflammée, enveloppant un noyau plus obscur, cette masse étant pour nous la source directe de la chaleur et de la lumière du Soleil.

C'est entre ces deux hypothèses qu'il faut chercher l'hypothèse véritable, au moins dans l'état actuel des connaissances.

Le Soleil serait une sphère incandescente, par conséquent à la fois douée d'une haute température et d'une grande intensité lumineuse, mais entourée d'une atmosphère qui possède à un moindre degré ces deux propriétés physiques. Cette atmosphère contient en suspension les vapeurs des corps que l'immense température du noyau volatilise incessamment.

La même analyse est allée plus loin encore. Elle nous a enseigné quels sont les corps dont l'atmosphère solaire contient les vapeurs. En d'autres termes, nous connaissons aujourd'hui, en partie du moins, la composition chimique de l'immense corps qui nous échauffe et nous éclaire.

Le métal dont la combinaison avec le chlore forme le sel marin, le sodium, est un des premiers dont la présence dans l'atmosphère du Soleil ait été constatée. On y a trouvé depuis le potassium, le magnésium et le calcium, puis, le fer, le zinc, le nickel, le cobalt et le cuivre. Mais il ne paraît pas que le Soleil, du moins dans les couches extérieures, contienne ni mercure, ni étain, ni argent, ni plomb, ni or. Pas davantage d'alumine, de silice, ni de cadmium, ni d'antimoine.

Telles sont les premières données positives sur une question qui semblait à jamais inaccessible aux investigations de la science. Déjà, des tentatives semblables sont commencées pour les étoiles; nous saurons sans doute un jour quelle est la constitution chimique des soleils qui brillent dans les profondeurs de l'espace.

En présence de pareils résultats, produits directs des facultés de l'homme, interprétant avec une merveilleuse sagacité les phénomènes les plus délicats de la nature, que dire des faiseurs d'homélies et d'oracles, toujours prêts, dans le but de dissimuler leur nullité prétentieuse, à humilier notre ignorance et à écraser notre raison sous le poids de leur fausse modestie?

N'est-il pas vrai que nous ayions droit d'être fiers de toutes ces conquêtes? Proclamons donc bien haut toutes les vérités que les chercheurs intelligents et courageux découvrent à force de labeur; avouons, non moins hautement, notre ignorance sur tous les points encore inconnus; mais surtout gardons-nous d'imiter cette fausse humilité de gens qui, tout en se donnant orgueilleusement comme les dépositaires des vérités d'en haut, rabaissent la science et dénigrent ses lumières, pour mieux imposer leurs dogmes.

DIXIÈME CAUSERIE

—

La Terre. — Sa forme et ses dimensions; son aplatissement aux pôles de rotation. — Mouvement diurne et jour sidéral. — Inclinaison et parallélisme constant de l'axe de la Terre.

On entend souvent, dans le monde, accuser la science d'aridité et de prosaïsme : les censeurs ont raison, s'ils entendent par science tout l'attirail des moyens qui ont servi à sa création, à son développement. Mais alors, qu'ils ne s'y trompent point : ils ressemblent fort aux gens qui, par horreur des échafaudages, des échelles, du mortier, du plâtre et des couleurs, traiteraient l'architecture d'art malpropre et désagréable, et, sous ce prétexte, refuseraient obstinément d'admirer, voire de contempler l'élégance ou la majesté des œuvres de Brunelleschi et de Michel-Ange.

Qu'un astronome emploie les instruments les plus ingénieusement compliqués pour donner à ses ob-

servations la précision qu'elles demandent ; qu'il
emprunte ensuite le secours des mathématiques dans
le but de rechercher les lois et leurs formules ; qu'il
imagine, à grand renfort de logique, les hypothèses
les plus propres à rendre compte des phénomènes ;
qu'enfin, dans cette œuvre de labeur et quelquefois
de génie, il néglige assez volontiers le côté artistique
et poétique de ses découvertes, pour ne s'émouvoir
que de leur beauté intellectuelle, il n'y a dans tout
cela rien que de fort naturel ; et je trouverais, pour
ma part, le sentimentalisme fort mal inspiré de vouloir fourrer son nez dans ce qui est et sera pour lui
lettre close, tant que la méthode sera en honneur
parmi les hommes.

Mais, pour nous qui ne sommes pas des savants,
qui voulons laisser aux savants, avec leurs pénibles
travaux, la gloire légitime de les avoir menés à bout,
c'est tout autre chose. Nous prétendons, en frelons
que nous sommes, nous nourrir de ce miel, nous eni-
vrer à plaisir des pures jouissances que procure la
contemplation de l'univers infini, des merveilleuses
pérégrinations de ses mondes.

Qui ne s'est surpris à rêver un voyage dans les
profondeurs de l'espace, roulant avec les globes d'or,
écoutant dans le ravissement les vibrations de l'éther
ébranlé par le tournoiement rapide de ces masses

imposantes? Quand on se représente, dans d'impuis-
santes images, la prodigieuse grosseur [1], la gigantesque circonférence du globe solaire, criblé à sa surface de trous où s'engloutirait notre Terre, comme
une pierre jetée dans un puits; quand on imprime
par la pensée à cette sphère éblouissante une vitesse
de rotation de plus de 40,000 lieues à l'heure, il est
impossible de n'être point comme anéanti par la
grandeur d'un tel spectacle.

Imaginez ce qu'un tel corps contient et fournit de
puissance lumineuse et calorifique, et sans doute de
force électrique et magnétique. Assistez en esprit à
ces vastes déchirements, qui se font dans les enveloppes atmosphériques ou dans le noyau lui-même,
et qui produisent pour notre vue l'apparence de
taches, météores bizarres, ouragans terribles dont
nous ne pouvons avoir qu'une imparfaite idée.

Mais je dois laisser le champ libre à vos réflexions
personnelles, à votre imagination; il appartient à
chacun d'imprimer au sentiment poétique dont il
s'inspire, le cachet, la couleur qui lui est propre.

Je reviens donc à notre Terre.

1. Si l'on suppose le centre du Soleil placé au centre de la Terre,
la surface du globe solaire dépassera du double environ l'orbe de
la Lune, laquelle est cependant à environ 96,000 lieues de nous!
Cette remarque peut donner une idée des dimensions de notre
étoile.

C'est par elle que je vais commencer la revue des planètes. L'étude de ses mouvements et de sa constitution nous permettra de mieux saisir les éléments analogues des autres satellites solaires. Et puis, c'est notre mère, *alma parens;* à ce titre seul ne doit-elle pas mériter notre préférence?

Malheureusement, j'ai peur, en commençant, de faire concurrence aux cours de géographie et de cosmographie dont plus d'un de mes lecteurs possède peut-être encore chez lui l'exemplaire dépareillé,

Aimable souvenir d'un bon temps qui n'est plus;

et de rappeler ainsi les soporifiques récitations entremêlées de retenues et de pensums, de pages à copier et de vers latins à extraire d'un *Gradus.*

Je ne dirai donc rien, ou peu de chose, de la forme de la Terre. Tout le monde sait que c'est celle d'une sphère, ou mieux d'un ellipsoïde aplati, c'est-à-dire d'un corps engendré par la rotation d'un ovale ou ellipse tournant autour de son plus petit diamètre. Je n'apprendrais rien, sans doute, à mes lecteurs, en leur disant que cet aplatissement est d'un trois-centième environ du rayon qui aboutit à l'équateur, c'est-à-dire à la partie la plus renflée du globe terrestre; de sorte que la dépression des pôles est, pour chacun d'eux, de cinq lieues environ. Enfin, j'imagine que

chacun se rappelle la définition du méridien d'un
lieu, plan imaginaire qui, passant par le lieu supposé, couperait la Terre en deux moitiés suivant la
ligne même des pôles. Prolongé dans le ciel, ce plan
méridien laisse sur la voûte du firmament la trace
d'un cercle idéal ou méridien céleste. Une étoile, le
Soleil, la Lune sont au méridien inférieur ou supérieur, quand le point lumineux qui forme l'étoile, le
centre du Soleil ou celui de la Lune, vient couper
cette ligne idéale.

Dire comment on est arrivé à reconnaître la rondeur de la Terre, soit par la forme toujours circulaire
des horizons terrestres ou maritimes, soit par la disparition successive, derrière la courbure du globe, de
la coque, puis des voiles, puis des sommets des mâts
d'un navire, soit encore par la forme de l'ombre que
la Terre projette sur la Lune dans les éclipses; exposer par quelle série de travaux géodésiques et astronomiques on est parvenu à reconnaître les différentes
longueurs des degrés du méridien aux diverses latitudes, comment on en a déduit la forme précise et
les dimensions de la Terre, tout cela encore sort évidemment de mon cadre, et je ne m'y arrêterai point.

Seulement, pour donner une idée sensible de ces
dimensions, je ferai l'hypothèse suivante :

Représentez-vous la Terre sous la forme d'une

boule d'un mètre de diamètre environ. L'aplatissement polaire sera presque inappréciable à l'œil, puisque alors les cinq lieues de dépression seront représentées par un millimètre et deux tiers.

L'épaisseur de la croûte solide — c'est-à-dire du
sol — au-dessous de laquelle se trouve la masse en
fusion et incandescente du noyau terrestre, sera de
trois millimètres, à peu près celle d'une forte feuille
de carton.

L'élévation moyenne des continents au-dessus du
niveau des mers ne sera que d'un cinquantième de
millimètre, et la plus haute montagne du globe, le
fameux Gaurisankar de l'Himalaya, paraîtra dépasser
ce même niveau d'à peu près les sept dixièmes d'un
millimètre. Enfin, la profondeur moyenne des mers
sera quelque chose comme les deux cinquièmes d'un
millimètre. Une couche d'eau étendue sur le globe,
avec un pinceau suffisamment humecté, donnerait une
assez juste idée de la masse des eaux de l'Océan [1].

1. Voici quelques détails numériques sur les dimensions de la
Terre. On sait que la circonférence d'un méridien a été prise pour
base du système de mesures qui tire son nom de l'unité de longueur, du *mètre*. Le mètre, étant par définition la dix millionnième
partie du quart de ce méridien, il s'ensuit que la circonférence
totale de la Terre, en passant par les pôles, est de 40,000 kilomètres
ou 10,000 lieues de 4 kilomètres.

La circonférence de l'équateur est de 10,664 lieues.

Le rayon polaire a 6,356,079 mètres ou 1,589 lieues.

Ainsi la masse du globe terrestre est si considérable en comparaison des accidents de sa surface que cette dernière peut être, sans erreur sensible, regardée comme une sphère unie. Qu'est donc cette masse par rapport à nous? Et cependant nous avons vu que la Terre est un grain de sable, un atome dans le système des mondes que comprend l'Univers visible !

J'arrive maintenant à la Terre considérée comme faisant partie du cortége de planètes qu'entraîne autour de lui et que maîtrise le Soleil.

Comme les planètes ses semblables, la Terre a deux mouvements : l'un de rotation sur un axe idéal, passant par les pôles; l'autre de translation ou de révolution autour de l'étoile centrale du système.

Étudions en particulier chacun de ces mouvements. Cette étude nous dispensera de reprendre en détail les phénomènes analogues, pour les diverses planètes.

Tout le monde sait que le Soleil, la Lune, les étoiles, tous les astres enfin visibles dans le Ciel, exé-

Le rayon équatorial a 6,377,398 mètres ou 1,594 lieues.

L'épaisseur de la croûte terrestre solide est d'environ 40 kilomètres.

Enfin la plus haute montagne a 8,840 mètres de hauteur, et la plus grande profondeur mesurée des mers est de 14,000 mètres.

Il est facile, avec ces données, de vérifier l'exactitude de ce que j'avance plus haut.

cutent tous ensemble, et à peu près tout d'une pièce, une rotation apparente qui produit les phénomènes de *lever*, de *coucher*, de *passage* au méridien. Tous ces astres apparaissent à l'orient, s'élèvent, décrivent des arcs de cercle parallèles, montent ainsi à une position supérieure dans la voûte du firmament, s'abaissent par un mouvement contraire, et disparaissent enfin à l'occident.

Un certain nombre d'étoiles — je raisonne maintenant pour nos régions de la zone tempérée — ne disparaissent point et décrivent des cercles entiers. Enfin une région particulière du Ciel, occupée par une étoile qu'on nomme la Polaire, semble rester immobile. Un pareil point, également immobile, existe dans les régions célestes australes.

Il semble donc que le Ciel entier décrive, en un jour environ, une rotation complète autour d'une ligne qui passe par deux points opposés, et en même temps par les deux pôles terrestres. Ce phénomène a reçu le nom de mouvement diurne.

Or, cette apparence est produite par un mouvement du globe terrestre en sens contraire. Je ne m'arrêterai point à la réfutation de l'hypothèse du mouvement réel du Ciel: trois siècles nous séparent de Copernic et de Galilée! Les preuves de toute sorte abondent: c'est, en premier lieu, l'absurdité d'une hypothèse

qui exigerait, pour les millions de points lumineux
situés à des distances si diverses, une concordance
incroyable de mouvements ; les uns, Saturne par
exemple, devraient alors se mouvoir avec une vitesse
de 22,000 lieues, les autres, la 61e étoile du Cygne,
avec une vitesse de 1 milliard 560 millions de lieues
par seconde.

C'est, en second lieu, la déviation vers l'est,
observée dans la chute verticale d'un corps pesant,
déviation provenant de l'inégalité de la force centrifuge en deux points dont les hauteurs au-dessus
du sol sont inégales, à la surface de la Terre et à
100 mètres de hauteur, je suppose [1].

C'est, enfin, l'impossibilité de concilier l'immobilité
de la Terre et la vitesse connue de la lumière avec
l'apparence des phénomènes célestes [2] ; puis, les expériences curieuses exécutées dans ces dernières an-

---

1. Quand on fait tourner une pierre à l'extrémité d'une fronde,
par exemple, elle tend à s'échapper suivant une tangente au cercle
décrit, et cela avec une vitesse d'autant plus grande, pour une
même vitesse de rotation, que la corde — le rayon du cercle — est
plus grande. La même raison fait que la force centrifuge déve-
loppée par le mouvement de la Terre est plus considérable à
100 mètres de hauteur qu'à la surface. Elle donnera donc à un
corps grave qui tombe de cette hauteur une impulsion dont l'effet
visible sera une déviation vers l'est de la verticale. Des expériences ont en effet constaté cette déviation.

2. Voyez l'*Astronomie populaire* d'Arago, pages 40 et 41.

nécs au moyen de pendules oscillants, suspendus à une grande hauteur. J'indique ces preuves, sans en donner le détail, qu'on trouvera dans les traités d'as tronomie. Agir autrement, ce serait faire invasion dans le domaine des démonstrations techniques, d'ailleurs fort intéressantes, et dépasser le cadre que je me suis fixé. Mais je ne puis résister à la tentation de raconter ici, de quelle manière je croyais me rendre compte jadis du mouvement de rotation du globe.

Je me souviens, à l'âge où les enfants ne songent un peu sérieusement qu'au jeu, — préoccupation qui exige de leur part la mise en action d'une foule de facultés, — je me souviens, dis-je, avoir passé plus d'une belle soirée d'été, couché sur l'herbe, à contempler silencieusement la voûte étincelante du firmament. En compagnie d'un camarade d'école, nous restions ainsi des heures, aspirant vaguement la voluptueuse fraîcheur de la nuit naissante. Nous avions sur le Ciel, sur les étoiles, les idées les plus bizarres et assurément les plus fausses. Mais une vérité astronomique nous avait été transmise, sans que nous nous en rendissions bien compte, soit par des lambeaux de conversation saisis à la volée, soit par nos livres d'école. Je veux parler du mouvement de rotation de la Terre. Or nous croyions posséder une preuve expérimentale assez curieuse de ce mouvement, preuve fausse, sans aucun doute, mais admirablement propre à en donner une idée sensible. Nous nous mettions à tourner sur nous-mêmes, les bras étendus en croix, jusqu'à ce que l'étourdissement nous fît tomber sur l'herbe. Alors, les yeux fermés, il nous semblait que nous sentions vraiment la terre manquer sous notre corps; la sensation était si vive, qu'elle nous forçait de nous cramponner aux touffes de gazon, comme pour nous retenir sur le bord de l'abîme. Maintenant encore, quand mes souvenirs me rappellent ces petits faits de notre jeunesse, il me semble que je sens se mouvoir sous moi cette masse énorme, qui donne cette manifestation de vie, et que je comprends mieux le sens de la fable d'Antée, dont les forces renaissaient à chaque fois qu'il touchait sa mère.

Quelle est la durée du mouvement diurne? En d'autres termes, combien la Terre met-elle de temps à exécuter autour de son axe une complète évolution? Mais, pour préciser mieux encore le sens de cette question, supposons qu'on coupe la Terre, suivant son axe, par un plan méridien, et qu'à un moment donné ce plan prolongé contienne une étoile déterminée, Aldebaran par exemple. Après quel intervalle de temps le plan méridien, après avoir exécuté une révolution complète, viendra-t-il de nouveau coïncider avec Aldebaran? Après 24 heures, pensez-vous peut-être? Eh bien, non : c'est seulement après 23 heures 56 minutes que le mouvement de rotation sera réellement accompli.

Pour distinguer ce jour du jour ordinaire, on l'a nommé *jour sidéral*. Puis, on l'a divisé en 24 heures *sidérales*, dont chacune est par conséquent plus petite que l'heure ordinaire ou moyenne. Il y a, dans l'année, 366 environ de ces jours sidéraux, ou, si l'on veut, 366 révolutions de la Terre autour de son axe, par rapport aux étoiles considérées comme points de repère.

On verra bientôt la raison de cette différence entre le jour solaire et le jour sidéral; j'y reviendrai en décrivant le mouvement de translation annuelle de la Terre.

Pour terminer cette causerie, constatons un point d'une extrême importance, pour l'explication des mouvements et des phénomènes astronomiques.

Mes lecteurs ont-ils mémoire de ce que nous avons dit du plan de l'orbite terrestre, plan sur lequel est tracée la courbe elliptique décrite par le centre de la Terre autour du Soleil, et que les astronomes appellent écliptique? C'est la situation de l'axe de rotation de notre globe, par rapport à l'écliptique que je veux préciser.

Cet axe n'est point perpendiculaire à ce plan, mais assez fortement incliné, et l'angle qu'il fait constamment avec lui est les trois quarts environ d'un angle droit. Par suite, le cercle de l'équateur terrestre est aussi incliné sur le plan de l'écliptique, d'un angle un peu plus grand que le quart d'un angle droit.

De plus, l'axe de la Terre reste toujours parallèle à la même direction, quelle que soit la position de notre globe et l'époque de sa translation annuelle, de sorte que c'est toujours aux deux mêmes points du Ciel qu'il semble percer la voûte céleste. L'immense distance à laquelle on a vu que se trouvent les étoiles explique comment l'axe de la Terre, dans son parallélisme, ne semble point promener avec lui sur le Ciel sa propre intersection : en réalité, cet axe décrit sur la voute céleste une courbe apparente de même forme et de mêmes dimensions que l'orbite de la Terre; mais quelque immense que soit cette courbe, elle n'est qu'un point, vue d'une distance qui est comme infinie. De même, la ligne suivant laquelle l'équateur terrestre, ou son plan, coupe le plan de l'écliptique, reste toujours parallèle à elle-même dans le cours d'une année.

Les faibles déviations de ce parallélisme, dont je

dirai un mot dans une causerie ultérieure, sont trop minimes pour qu'il soit nécessaire d'en tenir compte maintenant.

Tout le monde sait aujourd'hui que les phénomènes du jour et de la nuit s'expliquent naturellement par le mouvement diurne. On va voir que le mouvement de translation de la Terre, joint au parallélisme de l'axe terrestre, explique à merveille l'alternative des saisons à la surface du globe.

ONZIÈME CAUSERIE

Mouvement de translation de la Terre. — Année. — Pourquoi les jours sidéraux sont plus courts que les jours solaires. — Inégalité des jours et des nuits, soit aux diverses époques de l'année, soit aux différentes latitudes. — Les jours et les nuits polaires. — La rotation diurne sert de régulateur pour la mesure du temps. — Le calendrier, les équinoxes et les solstices. — Les saisons. — Partage du globe en cinq zones climatériques.

Si l'aspect du ciel et des merveilles qu'il offre à la curiosité humaine est de nature à provoquer l'admiration, la connaissance des mouvements des astres et de leurs lois n'est pas moins propre à contenter l'esprit, par la précision avec laquelle ces mouvements et ces lois rendent compte des phénomènes périodiques constatés par l'observation.

C'est ainsi que le mouvement des planètes autour du Soleil, suivant les lois découvertes par Képler, combiné avec un pareil mouvement de la Terre, nous a donné la clef des stations et rétrogradations apparentes des planètes.

De même, l'alternative du jour et de la nuit nous est expliquée par un mouvement uniforme de rotation de notre globe autour de son axe.

Mais combien de phénomènes, en apparence fort complexes, restent encore inexpliqués! Pourquoi l'aspect du Ciel étoilé varie-t-il d'une saison à l'autre? Comment se fait-il que les jours et les nuits ne sont pas égaux pendant le cours de l'année dans un même lieu, et pourquoi leur durée n'est-elle point la même au même instant pour tous les lieux de la Terre? Enfin quelle est la cause astronomique et physique de l'alternance des saisons?

Il n'est personne qui n'ait à ce sujet des notions plus ou moins vagues, et qui, dans sa pensée, ne relie ces phénomènes avec le double mouvement de la Terre. Mais de là à saisir et à montrer nettement en quoi consiste cette liaison, il y a souvent plus d'un pas. Voilà pourquoi je me propose, dans cette causerie, de faire voir à mes lecteurs comment trois faits suffisent à la complète intelligence des variations dont il s'agit. Ces trois faits, déjà connus, mais sur lesquels j'insiste encore, sont :

Le mouvement uniforme de rotation de la Terre autour de son axe;

Le mouvement varié de translation annuelle autour du Soleil;

Enfin le parallélisme constant de l'axe de la Terre dans ce double mouvement.

Mais avant d'aborder la solution que je viens d'annoncer, il est à propos de répondre à une objection qu'on n'aura pas manqué de faire. Pourquoi, dans la causerie précédente, avons-nous reconnu que le nombre des rotations entières accomplies dans le cours d'une année est de trois cent soixante-six, tandis que tout le monde, d'accord avec l'almanach, ne compte que trois cent soixante-cinq jours dans la même période? Laissons de côté les fractions, qui n'ôtent ni n'ajoutent rien à la difficulté.

Je rappelle d'abord la définition de l'année :

L'*Année* est l'intervalle de temps qui s'écoule entre deux passages consécutifs de la Terre en un même point de son orbite. A ces deux positions extrêmes, le centre du Soleil paraît occuper le même point du Ciel, ou, si l'on veut, coïncider avec la même étoile [1].

Maintenant, n'avons-nous pas vu qu'une rotation terrestre est complète, est entière, lorsque, partant d'une coïncidence particulière avec une étoile, un plan mé-

---

[1]. Le mouvement propre du système solaire dans l'espace ne doit-il pas altérer la position apparente du Soleil rapportée aux étoiles? Oui, sans doute, mais d'une quantité si faible, vu l'immense distance où nous sommes de ces astres, qu'il n'y a pas lieu de tenir compte ici de ce déplacement.

ridien décrit une circonférence autour de l'axe et revient coïncider une seconde fois avec la même étoile? Ces deux passages successifs au même méridien donnent, par leur intervalle, la vraie durée d'une rotation entière, parce que la distance où la Terre se trouve de l'étoile est pour ainsi dire infinie par rapport à l'arc de son orbite parcouru pendant ce temps. Ainsi mesurée, cette durée est la même, que si la Terre était restée immobile dans l'espace.

Mais il n'en eût pas été de même, si le centre du Soleil avait été pris pour point de comparaison, ce qui doit être, lorsque, au lieu d'avoir la durée du jour *sidéral*, on veut obtenir la durée du jour *solaire*.

En effet, le mouvement de translation annuelle s'effectuant autour du centre du Soleil, il arrive que, pendant la durée d'une rotation, la Terre s'est déplacée, a parcouru un certain arc de son orbite. Or, pour nous autres observateurs placés sur le corps mobile, c'est le Soleil qui aura semblé se déplacer sur le fond du Ciel; de sorte que si, au début de la rotation, le centre du Soleil se trouve avec l'étoile dans le plan méridien, il n'en sera plus de même à la fin de la période; ce centre aura semblé rétrograder et reviendra dans ce plan plus tard que l'étoile même. Ainsi, il faut un peu plus d'une rotation de la Terre autour de son axe pour accomplir le jour *so-*

laire, dont la durée est par conséquent plus grande que celle du jour *sidéral*.

A la période suivante, même retard, qui s'ajoute à celui qu'on vient de constater, et ainsi successivement. Le Soleil se trouvera de plus en plus en retard sur l'étoile, jusqu'à ce que la Terre, revenant au même point de son orbite, au bout d'une année, les choses se retrouvent précisément au même état qu'au point de départ. Mais alors, n'est-il pas de toute évidence qu'il y aura eu, en tout, une coïncidence de moins du plan méridien avec le Soleil qu'avec l'étoile; ou, ce qui revient au même, une différence d'une unité entre le nombre de jours solaires de la période révolutive et le nombre de jours sidéraux?

Ainsi, vous voyez que s'il y a, dans une année, trois cent soixante-cinq retours du Soleil au méridien, ou trois cent soixante-cinq jours solaires, il y a trois cent soixante-six rotations de la Terre sur son axe, ou trois cent soixante-six jours sidéraux [1].

Pour la commodité des relations civiles, c'est le jour solaire qui sert de mesure au temps. Mais, comme la vitesse de la Terre sur son orbite est variable, les

1. La différence entre la durée du jour sidéral et celle du jour solaire est d'environ 4 minutes exprimées en heures solaires. C'est ce qu'on a vu dans la dixième causerie. En effet, 365 fois 4 minutes font 1460 minutes, et le jour solaire en contient 1440. La différence dont il s'agit est donc un peu moindre que 4 minutes.

jours solaires ne sont pas rigoureusement égaux
entre eux : aussi a-t-on formé un jour fictif, qu'on
nomme jour *moyen*, parce que sa durée est une
moyenne entre celles des jours solaires qui composent l'année. Les horloges, montres, pendules sont
réglées sur le midi du jour moyen; il en résulte
qu'une horloge bien réglée ne doit pas, en général,
s'accorder avec le Soleil.

C'est ici le lieu de faire ressortir l'importance de
l'Astronomie, son utilité pratique pour la mesure du
temps.

La Terre, avec sa rotation diurne, forme la plus
admirable pendule qui existe au monde. D'une régularité admirable, d'une précision qui défie les plus
minuticuses mesures, elle ne s'est pas dérangée d'une
seconde, depuis des milliers d'années. Elle sert de
norme aux instruments d'horlogerie les plus perfec-
tionnés, accusant les plus faibles déviations que le
temps accumule, de manière à les rendre, à la longue, perceptibles... Le jour sidéral, voilà la durée
d'une des oscillations de cette horloge céleste. Le
passage de la même étoile au plan méridien, soit le
jour, soit la nuit, voilà les points où ces aiguilles lumineuses en marquent le midi et le minuit...

Quel motif donc a empêché les nations de prendre
cette horloge pour modèle? Ce fait, que les durées

des jours sidéraux ne correspondent point aux durées des jours solaires, les premiers, d'une égalité parfaite, sont plus courts que ceux-ci, et le retard accumulé peu à peu placerait le commencement ou la fin d'un jour sidéral au milieu d'une de nos journées ou de nos nuits. Or, la présence ou l'absence du Soleil sont des phénomènes qui frappent et intéressent trop tous les êtres animés, pour ne pas l'emporter sur un mouvement dont la réalité n'est sensible qu'aux observateurs attentifs. N'oubliez pas toutefois que le jour sidéral et l'horloge astronomique qui en reproduit la marche et les subdivisions, ont servi et servent encore à régler le temps solaire, et permettent d'égaliser les jours de l'année civile, que la marche du globe terrestre rendrait, sans cela, nécessairement inégaux en durée.

Cette perfection n'est devenue possible qu'avec les progrès de l'astronomie moderne. Le problème qui a consisté à mesurer la longueur de l'année avec précision n'a pas été moins long et moins difficile à résoudre. Quels tâtonnements! quelles incertitudes, et, au début, quelles erreurs grossières! Enfin l'astronomie en est venue à bout. La longueur précise de l'année, son commencement et sa fin, ses subdivisions naturelles sont connus. Que reste-t-il à faire? A mettre le calendrier entièrement d'accord avec la science, problème résolu avec une rare perfection il y a bientôt soixante-dix ans ; les préjugés et la routine, entretenus par une servile condescendance aux vieilles idées, seules ont empêché cette réforme d'avoir le succès que le système métrique a fini par conquérir.

Le calendrier républicain était rationnel, simple, universel, autant de raisons qui ont dû lui faire préférer un système incohérent, absurde, antiscientifique : et c'est pourquoi nous continuons à suivre le calendrier païen, chrétien, césarien, grégorien, etc.

Revenons maintenant au phénomène de variation que présente le Ciel étoilé à diverses époques de l'année.

Tout le monde sait qu'en examinant le Ciel à une même heure de la nuit, mais à un, deux ou trois mois d'intervalle, les constellations dont il est parsemé n'occupent plus les mêmes positions, bien qu'elles conservent entre elles les mêmes distances relatives. En outre les unes ont disparu, tandis que d'autres, invisibles d'abord, sont devenues visibles au-dessus de l'horizon.

C'est encore là un fait qui est intimement lié au mouvement de la Terre.

Par cela même, en effet, que d'un jour à l'autre, —

ainsi qu'on vient de le voir, — la position du Soleil
ne correspond plus au même point du Ciel, la partie
diamétralement opposée à cet astre, c'est-à-dire celle
que l'obscurité de la nuit rend visible à nos yeux,
changera en sens inverse. Au fur et à mesure des dé-
placements de la Terre le long de son orbite, les
constellations variées de la voûte céleste viendront
passer sous les yeux de l'observateur, jusqu'à ce
qu'une révolution annuelle entière s'étant écoulée, il
ait eu le spectacle entier de la portion du ciel visible
au-dessus de son horizon.

Aux pôles, où la durée de la nuit est de six mois,
c'est un hémisphère entier qui tourne ainsi parallèlement à l'horizon, en se déplaçant progressivement
et d'une manière continue. A supposer qu'un observateur pût vivre en ces régions éternellement gla-
cées, s'il notait les jours par périodes écoulées de
vingt-quatre heures solaires, il verrait les étoiles
parcourir, en sus de la circonférence décrite en vertu
de la rotation du globe, un certain arc provenant du
déplacement de la Terre le long de son orbite. Au
bout de six mois, ces arcs accumulés donneraient une
demi-circonférence.

A l'équateur, c'est le Ciel entier, toujours visible,
qui présente successivement toutes ses constellations,
tant boréales qu'australes, dans le cours d'une année.

Enfin, dans les latitudes comprises entre l'équateur et l'un ou l'autre des pôles, c'est plus d'un hémisphère céleste, mais moins de la sphère entière, que la série annuelle des nuits offre aux regards de l'observateur [1].

J'engage ceux de mes lecteurs à qui les explications précédentes laisseraient encore dans l'esprit quelque obscurité, à ne pas craindre d'éclaircir par le témoignage des sens ce que les yeux de l'intelligence n'ont pu complétement saisir. Je ne sache pas que la science puisse déroger à devenir claire et accessible à tous.

Prenez donc une boule d'une dimension quelconque, à laquelle vous imprimerez un mouvement de translation autour d'une lumière représentant le Soleil, en même temps que vous la ferez tourner autour de l'un de ses diamètres : les parois de la pièce, supposée sphérique, où vous vous trouvez, seront les diverses faces de la voûte céleste; le mouvement de rotation que vous imprimerez à la boule terrestre tiendra lieu du mouvement diurne, et ses deux moi-

1. Sur l'horizon de Paris et sur l'horizon de tous les lieux qui ont même latitude, la partie du Ciel visible en une année se compose de l'hémisphère nord tout entier, plus une zone de l'hémisphère sud qui s'étend jusqu'à 41° de déclinaison australe. C'est plus des trois quarts de la voûte céleste.

tiés, l'une éclairée, et l'autre obscure, seront les hémisphères de notre globe en possession du jour et de
la nuit. Inclinez l'axe de rotation sur le plan de la
courbe idéale décrite autour du Soleil, et vous aurez
la représentation fidèle des phénomènes que je viens
de passer en revue ; cette mise en scène ne sera pas
moins utile à la claire intelligence de ceux qui vont
suivre.

Voyons d'abord comment il arrive, pour un même
lieu de la Terre, que les nuits ne soient pas de même
durée que les jours.[1].

Notez un point sur le globe que vous avez choisi ;
prenez-le partout ailleurs qu'aux deux pôles, ou que
sur le cercle équidistant désigné sous le nom d'é-
quateur ; faites tourner la boule sur elle-même, mais
en la laissant d'abord immobile au même point de
l'espace : vous devez remarquer une inégalité évidente entre les deux arcs parcourus pendant l'intervalle d'une rotation, l'un dans la lumière et l'autre
dans l'ombre, par le lieu que vous avez déterminé.
Cette inégalité vous permet de comprendre qu'en

1. Le mot *jour*, en astronomie comme dans la langue usuelle,
désigne aussi bien les périodes de vingt-quatre heures que le temps
pendant lequel le Soleil reste au-dessus de l'horizon. Il y a là un
vice de langage qu'il ne m'appartient pas de détruire ; mais le lecteur saura facilement se prémunir contre la confusion qui pourrait
en résulter.

général le jour et la nuit ne sont pas égaux. Mais, pour que cette première expérience soit décisive, n'oubliez pas un point important : c'est de faire en sorte que l'axe de rotation soit incliné sur le plan de l'orbite, de manière à faire avec ce plan environ les trois quarts d'un angle droit.

Faites maintenant mouvoir votre sphère d'une manière continue autour de la lumière-Soleil, de façon à décrire à peu près un cercle : au bout d'une révolution totale, vous arriverez deux fois à une position telle, que le cercle de séparation de la lumière et de l'ombre passera par les deux pôles. Le moment où la Terre occupe une de ces deux positions exceptionnelles est celui de l'équinoxe.

Arrêtez le mouvement de translation, et considérez la Terre dans cette situation importante [1]. En lui faisant exécuter une rotation entière, vous remarquerez cette fois, que les arcs de lumière, ou de jour, sont de même grandeur que les arcs d'ombre ou de nuit; et cela, quel que soit le point de la Terre pour lequel vous fassiez l'observation.

---

1. Je répèterai ici, pour ceux qui ne redoutent point la géométrie, que le plan de l'équateur et le plan de l'orbite terrestre ou écliptique se coupent suivant une ligne droite qui reste toujours parallèle à la même direction; au moment de l'équinoxe cette ligne passe précisément par le Soleil.

Les jours sont donc, à cette époque, égaux aux nuits par toute la Terre : de là, cette dénomination d'*équinoxe*.

Ce sera l'équinoxe du printemps, si — la moitié supérieure de votre boule représentant l'hémisphère nord de la Terre, et le mouvement de translation ayant lieu d'occident en orient à partir de la position que vous venez de préciser — si, dis-je, vous voyez peu à peu le pôle nord envahi par le Soleil, tandis que le pôle sud est de plus en plus plongé dans l'ombre. L'équinoxe est le point de départ de l'année astronomique.

Faites alors décrire a la Terre un quart de sa révolution totale; vous verrez le pôle nord de plus en plus dépassé par la lumière, qui éclaire alors d'une manière constante les régions boréales, tandis que le pôle sud et les régions australes restent dans la nuit. Les jours vont en croissant dans l'hémisphère nord, et les nuits diminuent : le contraire arrive pour l'hémisphère méridional.

C'est à la fin de cette période que le jour atteint sa plus longue durée, vers le 20 juin, jour du solstice [1]

---

[1]. Depuis l'équinoxe, le Soleil ne cesse de s'élever au-dessus de l'horizon jusqu'à l'époque des plus longs jours; il reste alors pendant quelques jours à peu près stationnaire : de là le nom de *solstice* (*sol*, soleil, et *stare*, demeurer).

d'été. Inutile de dire que c'est l'époque de la nuit la plus courte; comme aussi, c'est le jour le plus court et la nuit la plus longue pour l'autre moitié de la Terre.

Si maintenant vous faites parcourir à la Terre le second quart de son orbite, les mêmes phénomènes se présenteront en sens inverse, de sorte que, moitié de la course annuelle étant achevée, on aura un nouvel équinoxe, l'équinoxe d'automne.

Puis, dans la seconde moitié de l'orbite, vous verrez se reproduire, dans le même ordre, la même succession de jours et de nuits; seulement l'hémisphère nord aura pris la place de l'hémisphère sud, et réciproquement.

Les deux équinoxes du printemps et d'automne, et les deux solstices d'été et d'hiver divisent l'année en quatre périodes ou saisons, de durées inégales, parce que les arcs de l'écliptique parcourus par la Terre avec des vitesses variables sont eux-mêmes inégaux.

Avant de dire un mot des variations de température qui correspondent à ces périodes, j'insiste sur quelques particularités des phénomènes qui précèdent.

Pendant les six mois qui séparent les deux époques équinoxiales, l'un des pôles est sans cesse éclairé par

le Soleil; le pôle opposé est au contraire continuellement dans l'ombre. Comprend-on maintenant qu'il y
ait sur la Terre des jours et des nuits de six mois?
Dans les régions voisines des pôles, on trouve pour
les jours et les nuits toutes les durées intermédiaires
entre six mois et vingt-quatre heures. Enfin, pendant
toute cette période, l'équateur n'a pas cessé d'être
partagé en deux parties égales par la ligne de séparation de l'ombre et de la lumière; le jour, dans les
contrées équatoriales, est toujours égal à la nuit.

Si l'on compare deux points du globe, inégalement
distants de l'équateur et appartenant tous deux au
même hémisphère, on constatera que l'inégalité entre
leurs jours et leurs nuits, à une époque quelconque,
est plus considérable pour le lieu le plus voisin du
pôle.

Une certaine zone, située de part et d'autre de l'é-
quateur, comprend les lieux de la Terre qui ont, à
un ou deux jours particuliers, le Soleil à leur zé-
nith. Ces jours-là, à midi, les rayons de cet astre
tombent perpendiculairement sur le sol, et une tige
verticale ne donne pas d'ombre. L'ensemble des régions chez lesquelles a lieu ce phénomène a reçu,
comme on sait, le nom de zone torride ou tropicale.

Deux zones tempérées, situées de part et d'autre de
celle-ci, dont elles sont séparées par les tropiques,

vont s'étendre jusqu'aux cercles polaires, c'est-à-dire jusqu'à la limite des régions voisines du pôle, où les jours et les nuits atteignent et dépassent des durées de vingt-quatre heures.

Cinq zones partagent ainsi la Terre en parties d'inégale surface, et pour lesquelles il est aisé de comprendre que les variations de température sont extrêmement différentes [1].

Il me resterait à dire pourquoi et. comment les quatre périodes astronomiques sont en même temps des périodes climatériques bien distinctes. Mais les variations de température à la surface du globe tiennent à des causes si diverses que le sujet est au moins autant du domaine de la météorologie et de la physique que de celui de l'astronomie. Toutefois, je ferai remarquer :

Que le printemps et l'été, bien que d'égale durée, à peu près, et offrant les mêmes circonstances astronomiques, présentent néanmoins des températures bien différentes; qu'il en est de même de l'automne et de l'hiver. Mais ces différences s'expliquent par

---

1. La zone torride embrasse environ 40 centièmes de la surface du globe ; les deux zones tempérées en forment les 52 centièmes, et les deux zones glaciales les 8 centièmes. De sorte que, abstraction faite de la répartition des continents et des mers, ce sont les zones habitables qui sont de beaucoup les plus considérables en étendue.

ce fait, que la chaleur accumulée par la Terre pendant le printemps s'ajoute à celle que rayonne le Soleil pendant l'été, tandis qu'en hiver la diminution de température arrive au moment où la Terre s'est déjà refroidie dans la période automnale.

Il en résulte que le maximum de température, au lieu de coïncider avec le jour du solstice d'été, n'arrive qu'au milieu de juillet, à Paris, par exemple. Et le maximum de froid a lieu vers le milieu de janvier, et non pas au solstice d'hiver, ainsi qu'on aurait pu le croire d'abord.

Le contraire arrive dans l'hémisphère sud de la Terre.

L'hémisphère nord est plus éloigné du Soleil, pendant les saisons de printemps et d'été, que pendant l'automne et l'hiver. La différence de distance est de près de 1,130,000 lieues. Il semble dès lors, que la chaleur reçue par la Terre étant plus considérable dans les deux dernières saisons, celles-ci devraient être les saisons les plus chaudes. Mais qu'on se reporte aux expériences faites tout à l'heure, et l'on verra que les rayons du Soleil, dans les jours d'automne et d'hiver, pénètrent obliquement dans les couches atmosphériques, par suite traversent une plus grande épaisseur. Au contraire, au printemps comme en été, ces rayons, arrivant de plus en plus perpendiculairement à la surface du sol, ont à traverser des couches d'air d'une bien moindre épaisseur. L'absorption de chaleur est, dans ce dernier cas, beaucoup plus considérable, et cette circonstance suffit pour compenser, et au delà, l'accroissement de distance. En outre, les jours étant plus longs que les nuits pendant les saisons de printemps et d'été, le sol et l'atmosphère reçoivent du Soleil plus de chaleur qu'ils n'en perdent par le rayonnement de la nuit. Le contraire arrive en hiver et en automne, où les nuits sont de plus longue durée que les jours.

Les mêmes raisons s'ajoutent à la plus grande proximité du Soleil pour rendre plus chaudes les saisons que les habitants de l'hémisphère boréal appellent automne et hiver, mais qui sont, pour l'autre moitié du globe, le printemps et l'été. Il est vrai que, par compensation, ces deux saisons sont plus courtes que les deux autres ; et, en somme, les quantités de chaleur reçues pendant l'année par chaque hémisphère, sont égales, à fort peu de chose près.

Je me borne à ces notions générales sur les saisons, considérées au point de vue de la température, parce qu'elles suffisent à établir la liaison qui existe entre ces phénomènes et le double mouvement de la Terre.

DOUZIÈME CAUSERIE

—

Précession des équinoxes et nutation. — La Grande Année. — Mouvement conique de l'axe de la Terre en vingt-six mille ans. — Nécessité de la coordination des lois astronomiques.

Outre les deux mouvements de révolution et de rotation de la Terre, dont la simultanéité produit les alternatives du jour et de la nuit et les saisons, il est encore deux autres mouvements qui nous sont bien moins familiers, parce qu'ils s'exécutent avec une extrême lenteur et n'apportent qu'à la longue des modifications sensibles à la situation du globe dans l'espace. Ces deux mouvements, connus en astronomie sous les noms de *précession des équinoxes et de nutation*, se rattachent d'une façon trop directe à la grande théorie de l'attraction universelle, que nous devons bientôt exposer, pour ne pas mériter au moins une mention.

Je vais donc essayer d'en donner une idée.

Une année, avons-nous dit, est accomplie quand la Terre a parcouru la totalité de son orbite. Comme, astronomiquement parlant, c'est l'équinoxe du printemps qui est l'origine de l'année, on dit encore que l'année est l'intervalle de temps qui s'écoule entre deux passages consécutifs de la erre au même équinoxe.

Ces deux définitions sont-elles complétement identiques ? Non. Et la raison en est que l'équinoxe, celui du printemps, par exemple, n'est pas un point fixe sur la courbe de l'écliptique que décrit la Terre. D'une année à l'autre, les points équinoxiaux rétrogradent, quand on compare leur position avec le sens du mouvement de translation.

Dire que le point équinoxial rétrograde, c'est évidemment dire que la Terre revient à l'équinoxe plus tôt qu'elle ne l'eût fait, sans cette rétrogradation. L'époque réelle du retour à l'équinoxe *précède* donc celle qu'on aurait dû constater, dans le cas où ce point fût resté fixe sur l'orbite de la Terre.

De là le nom de *précession des équinoxes*.

Voilà tantôt deux mille ans qu'Hipparque a découvert et mesuré ce mouvement, dont Newton a deviné la cause [1], et dont d'Alembert a donné le premier

1. Cette cause est l'action du Soleil sur e renflement du sphéroïde terrestre à l'équateur (ce renflement a pour corrélatif un

une théorie complète, perfectionnée plus tard par Laplace.

Avant d'expliquer par quelle sorte de mouvement réel est produit le mouvement de ce point idéal, je veux encore, pour plus de clarté, revenir sur la description du phénomène lui-même.

Rappelez-vous, je vous prie, ce que nous avons entendu par équinoxe. C'est le point qu'occupe la Terre, dans sa courbe elliptique autour du Soleil, lorsque le grand cercle de séparation d'ombre et de lumière passe précisément par les pôles, circonstance qui se présente deux fois chaque année. A ce moment, le plan de l'équateur — dont l'inclinaison sur l'écliptique n'a pas varié — coupe le plan de l'orbite terrestre suivant une ligne droite qui passe par le centre du Soleil.

S'il est vrai que l'axe de la Terre reste constamment parallèle à lui-même, il en sera de même du plan de l'équateur. Dès lors, on conçoit que la ligne d'intersection, dont nous venons de parler, restant toujours parallèle à l'une de ses positions quelcon-

aplatissement aux pôles, forme qui est due à la rotation de la Terre, primitivement fluide). — Newton a indiqué, en effet, cette cause; mais la démonstration mathématique de cette hypothèse est due à l'illustre encyclopédiste. (V. les *Recherches sur la précession des équinoxes et sur la nutation de l'axe de la Terre dans le système newtonien*, par d'Alembert, 1749.)

ques, reviendrait passer par le centre du Soleil, au bout d'une année précisément, en coupant l'écliptique au même point. Le point équinoxial n'aurait pas varié.

Or, il n'en est rien. Cette ligne, après une année accomplie, au lieu de coïncider avec sa position immédiatement antérieure, fait un angle avec cette position, angle très-petit, à la vérité. Elle coupe la courbe de l'orbite terrestre à l'occident de l'équinoxe précédent. Le nouveau point équinoxial a donc rétrogradé, c'est-à-dire a semblé marcher en sens inverse du mouvement de la Terre.

Il arrive alors que la Terre revient à la position de l'équinoxe, un peu plus tôt que si le parallélisme de l'axe terrestre, celui de l'équateur, et enfin celui de l'intersection avec l'écliptique eussent été constants.

Que résulte-t-il de ce phénomène pour les observations célestes? C'est que, peu à peu, le Soleil correspond, pour une même époque de l'année, à des étoiles de plus en plus orientales, de sorte que les constellations successives, qu'il semble parcourir dans l'intervalle d'un an, changent lentement de position par rapport à cet astre. Du temps d'Hipparque, le Soleil correspondait, le jour de l'équinoxe du printemps, à l'origine de la constellation du Bélier : aujourd'hui, il se trouve, à la même époque, dans la constellation des Poissons.

Au bout de vingt-cinq mille huit cent soixante-dix ans environ, l'équinoxe et par suite le Soleil ont parcouru successivement toutes les constellations du Zodiaque; tout se retrouve alors comme au point de départ de cette immense période, à laquelle on donne quelquefois le nom de Grande Année.

Voyons maintenant de quelle manière s'opère en réalité ce mouvement.

Imaginez une ellipse à peu près circulaire représentant l'orbite terrestre. Par l'un des foyers, menez une ligne droite qui coupera en deux points diamétralement opposés la courbe tracée : l'un de ces points représentera l'équinoxe du printemps de l'année où nous sommes, par exemple. Appliquez maintenant le long de cette ligne une feuille de carton inclinée sur le plan de la courbe, comme l'équateur terrestre l'est sur l'écliptique. Cette feuille de carton représentera le plan de l'équateur terrestre, qui, prolongé, passe en effet par le Soleil le jour de l'équinoxe.

Faites tourner ce plan de manière qu'il passe toujours par le foyer ou Soleil, mais en ayant soin qu'il reste incliné de la même manière sur le plan de l'orbite. Enfin supposez que vous ayez ainsi fait faire une révolution complète à la ligne qui joint le point

équinoxial au foyer de la courbe, et cela dans l'intervalle de vingt-cinq mille huit cent soixante-dix ans.

N'est-il pas clair que l'axe de rotation de la Terre,
qui reste constamment perpendiculaire au plan de
l'équateur, aura, en même temps que ce dernier,
exécuté un mouvement conique, de manière à percer
la voûte céleste en des points situés sur une courbe à
peu près circulaire? D'où résulte une variation dans
la position du pôle céleste, qui à la longue cesse de
correspondre aux mêmes étoiles [1].

En résumé, le mouvement qui produit, pour la
Terre, le phénomène de la précession des équinoxes,
combiné avec les deux autres mouvements de translation et de rotation, donne au globe terrestre un mouvement qui a beaucoup d'analogie avec le tournoiement incliné d'une toupie. La comparaison n'est pas
nouvelle, mais elle est vraie, et peut rendre compte,
d'une manière très-satisfaisante, des phénomènes
dont je viens de vous entretenir.

Tout le monde, en effet, peut remarquer dans le
mouvement de la toupie trois mouvements distincts ·

1. En vertu de la précession des équinoxes, l'étoile polaire, la
plus brillante de la constellation de la Petite-Ourse, se rappro-
chera du pôle pendant plus de 200 ans encore, puis s'en éloignera.
Dans 12,000 ans, c'est Wega de la Lyre qui remplira la fonction
d'Etoile polaire : à cette époque, cette brillante étoile ne sera plus
éloignée que de 5 degrés du pôle nord.

le premier est une rotation très-rapide sur son axe ; le second une translation horizontale en vertu de laquelle la toupie décrit une certaine courbe sur le plan où elle se meut; le troisième un balancement conique qui change progressivement, pendant la course du jouet mobile, la direction de son inclinaison sur le sol.

Pour que la comparaison ait toute sa justesse, il suffit de supposer que la toupie, de forme sphérique, tourne sur elle-même en vingt-trois heures solaires cinquante-six minutes, durée de la rotation terrestre ; que sa trajectoire sur le sol soit une courbe à peu près circulaire, dont elle parcourt la circonférence entière en trois cent soixante-cinq jours un quart; enfin que le balancement de l'axe décrive le mouvement conique tout entier en près de deux cent soixante siècles.

Mais l'idée que nous venons de nous former maintenant du véritable mouvement de la Terre n'est pas encore tout à fait exacte.

Des trois mouvements de rotation, de révolution et de précession que je viens de décrire, il résulterait que l'axe de la Terre conserverait toujours sur le plan de l'orbite la même inclinaison. Cela n'est pas entièrement vrai. Tous les dix-huit ans environ, cet axe oscille autour d'une position moyenne et décrit ainsi dans le ciel une petite courbe elliptique, de sorte qu'au lieu de couper le ciel suivant un cercle, en vingt-six mille années, cet axe décrit en réalité une série de petites courbes qui s'enroulent autour de la circonférence de ce cercle.

C'est à ce mouvement, découvert par Bradley il y a cent seize ans [1], qu'on donne le nom de *Nutation de la Terre*.

La conséquence de la nutation, c'est que l'axe terrestre et, par suite, l'équateur ne conservent pas une inclinaison constante sur le plan de l'écliptique; cette inclinaison varie périodiquement, dans des limites fort restreintes, il est vrai, et n'affectant les mouvements de notre globe et la durée relative des jours et des nuits que d'une manière presque insensible, à coup sûr inappréciable aux observations de la pratique vulgaire.

Telle est, dans son ensemble comme dans ses détails les plus importants, la description des mouvements de la Terre autour de l'étoile centrale qui lui verse la chaleur et la lumière. La Terre, étant l'une des planètes que l'astre étincelant entraîne et maîtrise, est, comme toutes les planètes, soumise aux

---

1. En 1747. La cause de la nutation est l'action de la Lune sur la partie renflée de la Terre.

lois qui ont reçu le nom de lois de Képler, et dont j'ai plus haut donné les formules. J'y renvoie le lecteur.

Quant aux détails dans lesquels j'ai cru devoir entrer pour l'intelligence des phénomènes périodiques, de jour et de nuit, de saisons, d'année, ils serviront à comprendre les phénomènes analogues dont les autres corps planétaires sont doués comme notre globe. Seulement la durée de toutes ces périodes variera avec chacun de ces astres, ainsi qu'il est facile de le prévoir.

Mais, dans tout ce qui précède, il n'y a que des faits, des phénomènes divers, diversement liés par différentes lois. N'y a-t-il aucune corrélation entre toutes ces lois ?

Telle est la question que plus d'un lecteur fera probablement, en lui donnant des formes différentes, suivant la nature et la tendance de son esprit. Les uns demanderont : Pourquoi tous ces mouvements ? quelle en est la cause ? ont-ils une même cause ? Les autres diront : Toutes ces lois particulières sont-elles indépendantes ou, au contraire, reliées à une loi plus générale dont elles ne sont que des cas singuliers ?

Tous, en parlant ainsi, accuseront l'irrésistible tendance de l'esprit humain vers la conception de l'unité.

L'astronomie est-elle aujourd'hui assez parfaite, assez achevée pour satisfaire intégralement le besoin intellectuel auquel nous faisons allusion? Je ne le crois pas. Du moins les hypothèses qu'elle peut avancer comme les plus probables à cet égard, n'ont pas encore reçu la consécration d'une démonstration irréfutable.

Toutefois l'œuvre est en bonne voie. Mais ce n'est pas dans les causeries familières que l'exposition en est possible. Les ouvrages de haute science peuvent seuls, avec l'auxiliaire du langage mathématique, entreprendre un tel exposé. On voudra donc bien user à mon égard de l'indulgence la plus large en lisant la causerie qui va suivre, dans laquelle j'essayerai de donner une idée, aussi juste que les moyens le comportent, de l'attraction ou gravitation universelle.

C'est en effet à cette grande loi de l'attraction qu'il faut rattacher la majeure partie des phénomènes astronomiques que nous venons de passer en revue.

TREIZIÈME CAUSERIE

De la gravitation universelle. — Évaluation de masses et des poids des corps célestes. — La loi de gravitation régit aussi les systèmes d'étoiles doubles.

> « Ce n'est pas sans raison que les philosophes s'étonnent de voir tomber une pierre, et le peuple, qui rit de leur étonnement, le partage bientôt lui-même pour peu qu'il réfléchisse. »
> (D'Alembert, *Encyclopédie.*)

La plupart de nos faux raisonnements, de nos jugements erronés proviennent, soit d'un excès, soit d'un défaut de généralisation. Nous méconnaissons toute l'extension que peut et doit recevoir une loi; ou bien, nous étendons au delà de ses bornes légitimes l'application d'une vérité de fait ou de principe.

Rien n'est plus propre à faire comprendre l'exactitude de l'observation précédente que l'histoire de la découverte du vrai système du monde, dont les lois se

rattachent avec une précision inespérée au grand
principe newtonien de l'attraction universelle.

Pendant combien de temps la croyance aux antipodes ne fut-elle point une idée absurde? « Comment ne voyez-vous pas, dit saint Augustin, que s'il
y avait des hommes sous nos pieds, ils auraient la
tête en bas, et tomberaient dans le ciel. » L'ignorance de la cause de la chute des corps à la surface
de la Terre faisait divaguer l'évêque d'Hippone. Une
fausse généralisation l'induisait en erreur.

Mais si, mieux instruits sur la forme du globe terrestre, sur les lois de la pesanteur, nous trouvons
aujourd'hui très-simple, très-naturel, de voir tomber
les corps, dans chaque lieu, suivant une verticale
dirigée vers le centre de la Terre, combien ne som-
mes-nous pas étonnés de voir suspendue dans l'espace, sans soutien matériel, une masse, une agglomération quelconque de matière! Pourquoi, nous
demandons-nous, la Lune ne tombe-t-elle pas sur le
globe terrestre? Pourquoi le Soleil semble-t-il se balancer dans les airs? Quelle cause empêche les étoiles
de pleuvoir sur le sol, s'il est vrai, comme le croient
et l'affirment tous les astronomes, que ces astres
soient des corps pesants? En effet, la pesanteur, pour
nous autres habitants de la Terre, ne semble être
autre chose que la cause dont l'action précipite à

la surface tous les corps qui ne sont pas soutenus.

Là encore, c'est une fausse généralisation de l'idée de pesanteur et de chute qui cause notre étonnement. Il a fallu, pour nous élever à la connaissance raisonnée de l'équilibre des mondes, que le génie de Newton et de ses successeurs rectifiât nos idées sur les phénomènes de pesanteur, et en dévoilât la corrélation avec les lois qui régissent les mouvements des corps célestes.

Les trois lois trouvées par Képler, soixante ans avant les travaux du géomètre anglais, furent la base de ses travaux et le point de départ de sa découverte. C'est en cherchant quelle force peut faire dévier sans cesse de la ligne droite la direction du mouvement des planètes dans l'espace, et donner lieu à une orbite elliptique dont le Soleil est un foyer, qu'il reconnut que cette force est dirigée vers le centre de cet astre, agissant sur la planète à la manière d'une force *attractive* émanant du Soleil.

Mais la loi des aires et celle de la forme elliptique des orbites, combinées et analysées d'après les principes de la mécanique rationnelle conduisirent Newton à cette seconde conséquence :

Que la force attractive varie avec la distance, mais non pas dans un simple rapport de proportionnalité, comme le crut Képler. Cette attraction de-

vient quatre fois plus petite, à une distance double;
neuf fois moindre, à une distance triple; seize fois,
vingt-cinq fois..... cent fois moindre, à des distances
quadruples, quintuples..... décuples; de sorte que,
lorsque les distances augmentent proportionnellement à la série des nombres, l'attraction diminue au
contraire suivant la série de leurs carrés [1].

La troisième loi de Képler, celle qui relie les temps
des révolutions planétaires aux moyennes distances
des astres au Soleil, lui permit de démontrer cette
proposition, que l'attraction solaire agirait avec une
égale énergie sur toutes les planètes, quelle que soit
la nature de leurs masses, si on les supposait placées
à égale distance du centre du Soleil.

Mais quelle est la nature de cette force centrale,
dont l'existence est dévoilée par les lois mêmes du
mouvement?

Telle est la question que le grand géomètre sut résoudre, en s'élevant par une généralisation hardie à
la conception de la loi la plus générale qui régisse
les phénomènes de l'univers.

L'attraction solaire [2] n'est autre que la pesanteur.

---

1. On a déjà vu dans les causeries précédentes que le carré d'un
nombre est, par définition, le produit de ce nombre par lui-même.

2. Newton, en se servant du mot *attraction*, n'a pas voulu dési-
gner la cause efficiente des phénomènes. Il avertit ses lecteurs de

De sorte que la même force qui précipite à la surface de la terre les corps non soutenus, et qui cause la pression, exercée par chacun d'eux , qu'on nomme leur poids, est celle qui retient les planètes dans leurs orbites.

Et comme la mécanique apprend que toute action, exercée par un corps matériel sur un autre, est nécessairement accompagnée d'une réaction égale et de sens contraire, il s'ensuit que si la Terre et les planètes pèsent sur le Soleil, le Soleil pèse à son tour sur chacune des planètes. De même celles-ci pèsent vers leurs satellites, et réciproquement. En résumé, les choses se passent exactement comme si toute molécule de matière attire une autre molécule quelconque en raison de sa propre masse, et réciproquement au carré de sa distance à la molécule attirée.

Tel est le grand principe de l'attraction ou gravitation universelle, que Newton mit hors de doute en comparant le mouvement de la Lune à celui d'un corps qui tombe à la surface de la Terre.

Si la Lune n'était soumise qu'à l'action d'une force, elle se mouvrait en ligne droite, en suivant l'impul-

cette réserve expresse, et, aujourd'hui encore, les savants qui ne prétendent point se prononcer sur le mode d'action de la force dont il s'agit, emploient de préférence le mot de *gravitation*.

11.

sion de cet agent mécanique. Mais elle décrit une courbe : c'est donc qu'une autre force la fait sans cesse dévier de sa direction première. Cette force, avons-nous dit, Newton démontre qu'elle est dirigée vers le centre de la Terre, qu'elle décroît en raison inverse du carré de la distance. Or il en est de même de la pesanteur, ainsi que le constatent les expériences faites à la surface de la Terre, à mesure qu'en s'élevant on s'éloigne de ce centre. Tout portait donc l'astronome mathématicien à vérifier si c'est la pesanteur elle-même, qui maîtrise la Lune et la retient dans son orbite.

Il calcula, d'après les observations du mouvement lunaire, de combien le satellite terrestre tombe en une seconde, en mesurant cette chute dans la direction de la verticale du point de départ. Puis, comparant cette quantité avec celle que donnerait dans le même temps la chute d'un corps reculé à la distance de la Lune, il constata l'identité parfaite des deux résultats. C'est en 1682 que la science s'enrichit de cette découverte capitale, qui conduisit successivement aux plus magnifiques résultats.

La précession des équinoxes, la nutation de l'axe de la Terre, le phénomène du flux et du reflux ou des marées, les mouvements de la Lune en libration, toutes les perturbations ou irrégularités périodiques et séculaires des planètes vinrent successivement, sous l'effort des analystes, trouver leur explication naturelle dans la théorie de la gravitation universelle.

C'est l'action du Soleil sur la partie renflée du globe terrestre qui produit le mouvement de précession décrit dans la causerie précédente ; c'est l'action de la Lune qui produit le mouvement de nutation. D'Alembert, aussi célèbre comme libre penseur que comme géomètre, et dont le nom mérite de devenir vraiment populaire, a rattaché ces deux perturbations du mouvement de la Terre à la loi de l'attraction universelle. Laplace a perfectionné et complété les démonstrations de d'Alembert.

Ce n'est pas, je le répète, et il est aisé de le comprendre, dans une série de causeries familières qu'il est possible de développer les conséquences de la plus grande des découvertes de la science moderne. C'est affaire à l'analyse mathématique, qui n'a pas trop, pour cette tâche, de toutes ses ressources, de tous les progrès accomplis dans les deux derniers siècles.

Mais il est permis néanmoins d'en exposer les résultats, de faire saisir leur liaison avec les principes, et de donner quelques idées justes sur les points fondamentaux de ce vaste et magnifique système.

Je ne veux donc pas terminer celte courte revue des travaux de l'astronomie moderne sans chercher à faire comprendre la possibilité de la solution d'un problème, qui paraît au moins fort extraordinaire à la plupart des personnes étrangères aux sciences mathématiques. Je veux parler de l'évaluation des masses ou des poids des corps célestes.

Combien pèse le Soleil, par exemple? Quelle est la densité moyenne de la substance qui le compose?

Voilà deux questions qui paraîtront bien indiscrètes sans doute. Affirmer qu'elles sont résolues, du moins dans la limite des approximations aujourd'hui possibles, ne ferait peut-être qu'exciter sur les lèvres un sourire d'incrédulité, si je ne parvenais tout au moins à faire voir comment leur solution est une conséquence de la découverte de la gravitation universelle.

C'est ce que je vais essayer.

Je rappelle d'abord ce principe, que l'intensité de la pesanteur est proportionnelle à la masse du corps attirant. De sorte que si, à une même distance, deux corps différents en attirent d'autres avec une égale énergie, c'est que les masses de ces deux corps sont égales.

Si l'attraction de l'un agit avec une énergie double, triple... décuple, c'est que sa masse est double, triple... décuple de la masse de l'autre.

Il importe peu, pour cette comparaison, que les corps attirés soient ou non les mêmes, que leur matière soit ou non, physiquement, de même nature. La condition essentielle est seulement que les corps attirants agissent à une même distance, ou, ce qui revient au même, que l'on compare leur action, en la réduisant de part et d'autre à une distance commune.

Appliquons ces principes à la détermination de la masse du Soleil. Cherchons combien cette masse vaut de fois la masse de la Terre.

Il faut, pour cela, venons-nous de dire, comparer l'énergie attractive de la Terre à l'énergie attractive du Soleil, et cela pour une même distance.

L'attraction de la Terre nous est connue. Elle peut être mesurée à sa surface par l'espace que parcourt, dans l'intervalle d'une seconde, un corps tombant librement dans le vide. Mais comme Newton a démontré que l'attraction d'une sphère s'exerce sur les corps extérieurs, de la même manière que si toute la masse était réunie au centre, il en résulte que le corps qui tombe à la surface de la Terre est à une distance du centre d'attraction, marquée par la longueur du rayon terrestre.

Ainsi, premier point : l'attraction de la Terre fait tomber un corps de 4 mètres 9 décimètres, en une seconde, à une distance de 1,591 lieues : mettons 1,600 lieues en nombre rond.

Voyons, maintenant, s'il est possible de mesurer l'énergie attractive du Soleil par la chute, en une seconde, d'un corps tombant sur cet astre, de la même distance.

La loi de l'attraction universelle nous dit que les planètes, et par suite la Terre, pèsent sur le Soleil, que leur chute, contre-balancée par une vitesse d'impulsion [1] dirigée tangentiellement à leurs orbites, se combine avec ce mouvement pour produire le mouvement elliptique constaté; que, dès lors, il est facile de calculer la quantité de cette chute dans un temps donné, dans une seconde, par exemple.

On peut donc savoir de combien la Terre, en une seconde, tombe vers le centre du Soleil, à la distance moyenne de 34 millions de lieues. Une fois ce nombre de mètres trouvé, un calcul facile permet de trouver quelle serait la chute à une distance du centre de 1,600 lieues.

---

1. On verra plus loin que cette impulsion n'est probablement autre chose que le mouvement de rotation primitif de la nébuleuse qui a donné naissance à notre monde solaire.

On trouve environ 1,740,000 mètres [1]. Ce nombre est 354,936 fois aussi grand que 4 mètres 9 décimètres.

Comme les masses sont proportionnelles aux énergies attractives, on en conclut que le Soleil a une masse 354,936 fois aussi grande que la masse de la Terre, ou, si l'on veut, qu'il faudrait 354,936 globes du poids du globe terrestre pour équilibrer le poids du Soleil [2].

[1]. L'attraction du Soleil, sur les corps placés à sa surface, est bien loin d'être représentée par le nombre que je viens de transcrire : un corps situé à la surface extérieure de cette immense sphère est, en effet, éloigné du centre de plus de cinquante fois 1,600 lieues. Quand on réduit le nombre ci-dessus suivant la loi du carré des distances, on trouve que l'intensité de la pesanteur sur le globe solaire n'est plus guère que 28 fois l'intensité de la même force à la surface de la Terre. Un litre d'eau pèserait donc environ 28 kilogrammes sur le Soleil, ou, si l'on veut, la pression exercée par ce volume d'eau équivaudrait à une pression effective de 28 kilogrammes à la surface de la Terre. Les corps tombent sur le Soleil avec une vitesse 28 fois plus grande.

[2]. On sera peut-être curieux de connaître approximativement les poids, évalués en tonnes, des deux corps célestes dont on vient de comparer les masses.

Le volume de la Terre étant d'environ 1 milliard 80 millions de kilomètres cubes, pour en déduire son poids, il suffit de connaître sa densité moyenne, c'est-à-dire le poids de l'unité de volume. Cette densité est environ 5,44 fois celle de l'eau. Le kilomètre cube terrestre pèse donc 5,440,000 tonnes de 1,000 kilogrammes, et dès lors le poids de la Terre entière sera représenté par le nombre

5,875,200,000,000,000,000

exprimant des tonnes de 1,000 kilogrammes. Maintenant pour avoir

Le même problème se résoudra de la même manière, pour toute planète ayant un satellite, c'est-à-dire pour Jupiter, Saturne, Uranus et Neptune. Le satellite sert à mesurer, par la connaissance de son mouvement, la chute à la surface de la planète; le mouvement de la révolution de cette dernière fait connaître la chute sur le Soleil. Ces éléments suffisent, ainsi qu'on vient de le voir, à la détermination des masses.

Enfin, les masses des planètes dépourvues de satellites ont pu être mesurées par les perturbations qu'éprouvent leurs mouvements sous l'action des différents corps du système solaire.

Je donne ici les nombres qui mesurent les différentes masses des planètes, de la Lune et du Soleil, comparées à la masse de la Terre, prise pour unité :

Mercure...	$0,175$ ou $\frac{1}{15}$	Saturne. $\quad 101,411$
Vénus.....	$0,885$ ou $\frac{9}{10}$	Uranus. $\quad 14,789$
La Terre...	$1,000$	Neptune $\quad 20,879$
Mars......	$0,132$ ou $\frac{1}{8}$	Le Soleil $354936,000$
Jupiter:...	$338,034$	La Lune $\quad 0,011$ ou $\frac{1}{88}$

La gravitation universelle n'est pas une loi particulière au système solaire. Les observations des

le poids du Soleil, on multipliera ce nombre énorme par 354,936 ce qui donne, à un milliard de tonnes près:

2,085,319,987,200,000,000,000,000 tonnes.

étoiles doubles ont démontré — comme je l'ai remarqué déjà dans une de nos premières causeries —
que cette force régit aussi les mouvements des étoiles
composantes. Dès lors, on conçoit quelle doit être,
dans l'harmonie générale de l'Univers, l'action de
cette force accumulée dans les masses nébuleuses,
c'est-à-dire dans les systèmes composés de millions
d'étoiles. Connaîtra-t-on jamais quelle part, même
approximative, on doit assigner, dans cette action et
réaction universelles, aux mondes avec lesquels nous
sommes en relation par la vue simple ou par la puissance des instruments d'optique?

Déjà on a pu conjecturer que le centre d'attraction qui entraîne tout notre système planétaire n'est
autre qu'un certain groupe d'une apparence nébuleuse, mais où le télescope a permis de séparer et de
compter plus de 14,000 étoiles.

Enfin, sans doute aussi, la même force s'exerce
dans les nébuleuses irréductibles, dans ces agglomérations de matière diffuse, où l'on voit déjà se former
des centres d'attraction, qui, peut-être, dans la suite
des siècles, deviendront, par la concentration de la
lumière et de la chaleur, des foyers de mouvement
et de vie, de vrais soleils.

Tel est, en résumé, l'exposé très-succinct de la théoric de la gravitation universelle. Telles sont les admirables conséquences qu'on en a pu déduire pour l'explication rationnelle des mouvements du système planétaire.

Il ne reste plus, pour achever cette œuvre colossale, qu'à exécuter des perfectionnements de détail auxquels l'observation devra prendre une part égale à celle des sciences mathématiques. La mécanique céleste sera ainsi terminée. Mais ce n'est point là, quoi qu'on en ait dit, toute l'astronomie. L'organique céleste, ou la partie de la science qui traitera de la genèse des mondes, de leur formation, de leurs transformations successives, est à peine ébauchée. L'étude de la constitution physique de notre monde solaire laisse aussi beaucoup à désirer.

Il y a donc matière encore, dans la science, à de curieux et importants travaux. Pourquoi faut-il déplorer que l'esprit d'initiative, en France et ailleurs, ait si peu d'énergie, lorsqu'il s'agit d'entreprises aussi glorieuses, et dont les résultats intéressent à ce point les progrès des connaissances humaines? Pourquoi la richesse est-elle si mesquine ou si peu intelligente, qu'elle recule devant l'emploi de faibles capitaux pour une œuvre aussi belle que le perfectionnement de l'astronomie? Pourquoi les astronomes sont-ils réduits à solliciter dans ce but le concours des gouver-

nements, abdiquant ainsi, bon gré mal gré, le plus
bel attribut du savant, la liberté de son travail? C'est
ce que je n'ai pas à examiner ici; c'est un soin que
je laisse volontiers au lecteur.

QUATORZIÈME CAUSERIE

—

Connaissez-vous au Ciel un astre qui, à tort ou à raison, en bien ou en mal, ait autant fait causer de lui que la Lune? Influences bénignes et malignes, bonnes et mauvaises récoltes, épidémies affreuses et merveilleuses guérisons, rapports mystérieux entre ses phases et les périodes des maladies, tout ce que l'imagination et la folie humaine ont pu inventer de bizarre, d'excentrique, de chimérique, d'occulte, de mystique, de fantasmagorique, tout a été mis sur le compte de la Lune. Jamais, de mémoire d'astronome, ou plutôt d'astrologue, astre ne fut à la fois tant calomnié et glorifié.

Aujourd'hui encore, il n'est sorte de pouvoir ou

d'influence qu'on n'attribue à notre satellite. Le temps est-il pluvieux? c'est la mauvaise Lune. Change-t-il et passe-t-il au beau? c'est la nouvelle Lune. L'amélioration tarde-t-elle de quelques jours? c'est le premier quartier.

Je ne sais trop ce qu'il peut y avoir de faux ou de vrai dans ces vertus physiques ou métaphysiques. J'admire seulement que ceux qui, en pareille matière, affirment le plus sont précisément ceux qui ont étudié ou observé le moins.

Prenons à ce sujet le parti le plus sûr, celui du doute, et laissons ceux qui font métier de science tirer au clair celles de ces questions qui méritent examen.

Puis, pour nous distraire du long séjour que nous venons de faire sur notre globe, et de l'étude de tous ses mouvements; pour sortir un peu des abstractions que la théorie de l'attraction universelle nous a forcés d'aborder, mettons-nous en route pour la Lune.

Cette fois, ce n'est pas la distance qui nous embarrassera beaucoup.

Comme la Lune, prenant la Terre pour foyer de son mouvement, décrit aussi autour de notre globe une courbe elliptique, il doit y avoir pour elle deux positions extrêmes, où sa distance à la Terre est, soit la plus petite, soit la plus grande possible,

La distance minimum n'est que de cinquante-sept fois le rayon de la Terre, ou 90,680 lieues environ, tandis que la distance maximum est de 101,000 lieues de quatre kilomètres. Encore, si l'on veut avoir la plus petite distance possible qui puisse séparer deux habitants placés à la surface des deux globes, faut-il retrancher des deux nombres précédents la somme des rayons de la Terre et de la Lune, puisque ces nombres expriment la distance des centres; cette opération les réduit à 88,660 lieues pour la distance minimum, à 99,000 lieues pour la distance maximum.

Enfin, la distance moyenne est de soixante fois le rayon terrestre, ou à peu près 95,500 lieues de quatre kilomètres.

Ces distances ne sont, après tout, qu'une bagatelle : quelque chose comme huit à dix fois le tour de la Terre, que les chemins de fer et les lignes de paquebots permettent aujourd'hui de sillonner si facilement et si rapidement dans tous les sens. Avec nos moyens actuels de locomotion, ce serait l'affaire de moins d'une année. La Terre, en voyageant dans son orbite, parcourt une pareille distance en moins de quatre heures. Enfin un corps pesant, une pierre qui tomberait librement —c'est-à-dire si l'attraction lunaire n'y mettait pas obstacle — de la Lune sur la Terre, nous arriverait en trois jours une heure quarante-huit minutes et vingt secondes.

Ainsi, vous le voyez, la difficulté du voyage que je vous propose de faire n'est pas dans la distance, elle est toute dans les moyens de transport. Sera-t-elle un jour tranchée? Fontenelle, qui, dans ses *Entretiens sur la pluralité des Mondes*, laisse d'abord son interlocutrice sourire à l'idée de la possibilité d'un commerce entre notre globe et les habitants supposés de la Lune, raille ensuite avec l'esprit qu'on lui connaît la crédulité de sa marquise. Puis il aborde les obstacles insurmontables, l'absence d'air à la surface de la Lune, ou du moins, si atmosphère il y a, la différence de constitution de l'air de la Lune et de l'air de la Terre : « Ces deux airs différents contribuent à empêcher la communication des deux planètes..... Un habitant de la Lune qui serait arrivé aux confins de notre monde se noierait dès qu'il entrerait dans notre air, et nous le verrions tomber mort sur la terre. » Fontenelle ne dit pas comment nos voyageurs s'accommoderaient, dans leur traversée aérienne, de la rareté du milieu ambiant. Ou bien il accorde qu'il y aurait moyen d'emmagasiner et d'emporter une provision d'air respirable, ou bien l'impossibilité du débarquement lui suffit. Je sais aujourd'hui bien des gens qui ne s'em-

barrasseraient pas pour si peu, et qui ne désespé-
reraient point, j'en suis sûr, de faire tôt ou tard
le voyage de la Lune en train de plaisir, aller et
retour, pour peu qu'on les assurât de la possibilité.

Il m'en coûterait, certes, de détruire un tel espoir;
mais je ne veux pas terminer cette plaisanterie, sans
faire part au lecteur d'une conséquence assez curieuse du mouvement simultané de la Terre et de la
Lune.

On verra tout à l'heure que notre satellite nous
suit dans notre mouvement autour du Soleil, tout en
décrivant son orbite autour de nous. Dès lors, supposant qu'une expédition quitte notre globe, sorte de
notre atmosphère, et parvienne à vaincre l'influence
attractive de la masse terrestre, pour voguer à
pleines voiles vers notre satellite, que va-t-il arriver? En donnant à notre aérostat une vitesse double
de celle dont nous disposons aujourd'hui, c'est encore, à 600 lieues par jour, un voyage de cinq mois
au moins pour arriver au sol lunaire. Mais pendant
ce temps-là notre Terre, et la Lune à sa suite, ont
parcouru quelque chose comme cent millions de
lieues, abandonnant dans l'espace nos navigateurs,
passablement ébahis et désappointés! Mais laissons
là les chimères!

De tous les corps célestes, la Lune est de beaucoup le plus proche de la Terre [1]. Il y a donc grandement à parier que de tous les mondes offerts chaque nuit aux investigations de la curiosité humaine, c'est celui dont l'astronomie connaîtra le plus tôt la constitution intime, déjà en partie dévoilée.

Qu'on parvienne à obtenir, avec les grossissements donnés dès aujourd'hui par les instruments d'optique, une grande intensité lumineuse dans le champ de la lunette ou du télescope, alors, au lieu d'une vision confuse, terne et vague, on aurait une image à la fois très-détaillée et très-précise ; on verrait la Lune de la même façon qu'à l'horizon on observe des objets à seize lieues de distance [2]. Résultat merveilleux, qui nous révèlerait sans doute de curieux détails, mais que la science et l'art de l'opticien n'ont pu encore obtenir.

1. Vénus, qui est, de toutes les planètes, celle que son mouvement rapproche le plus de la Terre, en reste cependant séparée, à l'instant de la distance minimum, de 9,750,000 lieues. C'est environ dix fois l'intervalle de la Terre à la Lune.

2. L'obstacle principal vient précisément de l'énorme dispersion de la lumère, qu'un grossissement de 6,000 fois, par exemple, amène forcément, toutes les fois qu'on observe un astre ne brillant pas de sa lumière propre comme les étoiles, mais rayonnant de la lumière réfléchie, comme la Lune ou les planètes ; aussi les astronomes préfèrent-ils à de tels grossissements des grossissements beaucoup moindres, mais donnant des images plus lumineuses.

Le disque de la Lune nous apparaît so   orme d'un cercle dont la dimension apparente, qui varie avec la distance, tantôt surpasse celle du disque solaire, tantôt lui est inférieure.

Ce disque participe au mouvement diurne, comme tout le reste du ciel; mais, comme le Soleil, il a un mouvement rétrograde, dirigé d'occident en orient, et beaucoup plus rapide, puisque le retard quotidien du passage du centre de la Lune au méridien est de plus de trois quarts d'heure. Or, nous avons vu que celui du Soleil n'est que de quatre minutes, treize fois moindre que celui de la Lune.

Ce mouvement de rétrogradation indique un mouvement de circulation réel de la Lune autour de la Terre, lequel s'effectue en un peu moins de vingt-sept jours et demi. Le centre de la Lune revient, après cette période, passer au méridien en même temps que telle étoile déterminée, dont le passage avait coïncidé avec le sien, au début de la révolution lunaire.

Mais si l'on n'a pas oublié que le mouvement rétrograde apparent du Soleil a lieu dans le même sens que celui de notre satellite, il en doit résulter que, si l'étoile considérée et les deux centres ont passé au méridien au même instant, le retour de la Lune à l'étoile a dû s'effectuer plus vite que le retour au

Soleil. La différence est de près de deux jours, de sorte que la révolution *synodique* est d'un peu plus de vingt-neuf jours et demi.

Ce mouvement s'effectue suivant les lois de Képler; c'est-à-dire que la courbe décrite autour de la Terre par la Lune est une ellipse, — on le constate en mesurant les variations de grandeur du disque, correspondant à des variations inverses de distance; — puis, qu'elle obéit à la loi de proportionnalité des aires et des temps; enfin, que le rapport entre le carré du temps de la révolution et le cube de la moyenne distance de la Lune à la Terre est bien le même que pour les autres corps célestes. Je n'insiste pas sur ces faits, qui se reproduiront pour tous les astres dont nous aurons à parler dans notre revue du monde solaire.

Du reste, je ferai observer aussi, une fois pour toutes, qu'en assignant la forme elliptique à l'orbite de la Lune, c'est une façon de parler toute relative, et qui signifie, qu'en supposant la Terre immobile dans l'espace, et rapportant à cette planète les positions occupées par la Lune dans sa révolution, toutes ces positions ne sont autres que les points successifs d'une ellipse dont le centre de la Terre occupe un foyer. Mais en réalité l'orbite lunaire a, dans l'espace, une forme beaucoup plus compliquée, qu'on obtiendrait par la combinaison des divers mouvements auxquels la Lune participe : mouvement propre autour de la Terre, mouvement de la Terre autour du Soleil, mouvement du Soleil autour du foyer inconnu vers lequel il gravite.....

Le plan de l'orbite de la Lune ne coïncide pas avec le plan de l'orbite terrestre; mais l'inclinaison mutuelle des deux plans est assez faible, un peu moindre que la dix-huitième partie d'un angle droit. Les deux points où la Lune traverse le plan de l'écliptique, dans son mouvement de révolution, et qu'on nomme les *nœuds* de la Lune, ne sont point diamétralement opposés. La raison en est que ces points ont, comme les équinoxes, un mouvement d'orient en occident, mais beaucoup plus prononcé, puisqu'en dix-huit ans et huit mois la révolution des nœuds est achevée. D'autre part, l'inclinaison de l'orbite lunaire sur l'écliptique est à peu près constante, ce qui indique un mouvement conique de son plan sur celui de l'orbite de la Terre, et montre qu'en définitive la courbe tracée par la Lune n'est pas une courbe plane.

Pour en finir avec les détails qui concernent le mouvement de translation de la Lune, j'ajoute que son orbite est plus allongée que l'orbite terrestre; tandis qu'entre les deux distances extrêmes de la Terre au Soleil, la différence est d'un soixantième de l'axe total, la même différence pour les distances apogée et périgée de la Lune à la Terre est d'un vingtième environ du grand axe de l'orbite lunaire, ou proportionnellement trois fois plus grande.

La Lune n'est pas lumineuse par elle-même, avonsnous dit, mais elle reçoit du Soleil la lumière qu'elle nous renvoie par réflexion. La preuve de ce fait est écrite dans les phases ou apparences variées que présente le disque lunaire dans une période de révolution synodique autour de la Terre. Tout le monde connaît les phases de la Lune, dont les appellations sont également populaires : nouvelle Lune, premier quartier, pleine Lune, dernier quartier.

Si, parmi les lecteurs de ces causeries, il en est quelques-uns qui ne saisissent point de prime abord la liaison qui existe entre les phases et les positions successives de la Lune sur son orbite, rapportées à la position du Soleil, — ce qui, je l'avoue, me semble peu probable, — voici une petite expérience fort simple qui lèvera tous les doutes : je les engage à l'exécuter.

Par un plein Soleil, prenez une sphère qui représentera la Lune ; restez immobile, pendant qu'une autre personne, tournant autour de vous, vous présentera successivement la boule qui figure notre satellite. Cette boule sera éclairée par le Soleil : un de ses hémisphères sera illuminé pendant que l'autre hémisphère restera dans l'ombre. Vous occupez la position de la Terre et représentez un observateur situé à sa surface.

Je vous prierai de noter quatre positions de la Lune : la première, lorsque la sphère qui la figure se trouvera en face du Soleil : c'est l'instant de sa *conjonction;* la troisième, à l'opposé de la première ; elle correspond à l'instant où la Terre est en ligne droite entre la Lune et le Soleil : c'est le moment de *l'opposition;* la seconde et la quatrième sont à angle droit avec les deux autres : on les nomme les *quadratures,* comme aussi la conjonction et l'opposition s'appellent encore *syzygies,* dans le langage des astronomes.

Eh bien, ne voyez-vous pas que, dans la première position, vous ne verrez en aucune façon l'hémisphère éclairé de la Lune; qu'à l'opposition, au contraire, vous le verrez tout entier? Aux deux quadratures, c'est une moitié du disque qui paraît lumineuse, l'autre moitié reste obscure et par suite invisible

Dans les positions intermédiaires, les parties lumineuses et obscures iront en croissant et en décroissant graduellement, de sorte qu'au début de la révolution, vous commencerez par ne voir qu'un léger filet ou croissant lumineux, dont les deux cornes seront à l'opposite du Soleil, c'est-à dire tournées vers l'orient. Peu à peu ce croissant s'agrandira jusqu'à devenir un demi-cercle; puis ce sera le tour de la partie obscure de prendre la forme de croissant, jusqu'à ce qu'elle disparaisse entièrement, lors de l'opposition ou de la pleine Lune. Les phénomènes inverses se présentent dans la seconde moitié de l'orbite lunaire, jusqu'à ce que la Lune, de nouveau devenue invisible, se retrouve nouvelle Lune, et recommence à présenter les mêmes phases, en une période de même durée.

C'est le soir, au Soleil couchant, que la nouvelle Lune commence à se dégager des rayons du Soleil, pour se coucher peu après lui. Lorsqu'elle est pleine, elle passe au méridien vers minuit, pendant que le Soleil passe lui-même au méridien inférieur. Enfin c'est un peu avant le lever du Soleil, qu'à sa dernière phase, elle se montre encore à l'horizon pour bientôt disparaître.

L'expérience fort simple, que je viens de décrire, variera un peu de durée, si, au lieu de rester immobile, la Terre se meut elle-même autour de l'astre qui éclaire, et c'est ce qui arrive; mais encore faut-il supposer qu'au lieu d'opérer en plein Soleil, on a substitué à cet astre une bougie située à une distance convenable de la sphère qu'on promène autour de vous; sinon les phases resteraient identiquement les mêmes, le Soleil étant à une distance qu'on peut considérer comme infinie pour l'expérience en question.

J'arrive à un autre ordre d'idées.

Tout le monde peut constater que la Lune nous présente toujours le même hémisphère. Comment en jugeons-nous? A la simple vue, par l'aspect toujours identique des taches qu'offre son disque. Il y a bien de légers balancements de haut en bas et de droite à gauche, les uns réels [1], les autres apparents, c'est à-dire purement optiques; mais ces mouvements ne sont guère appréciables qu'aux observateurs munis d'instruments de précision. N'en tenons donc pas compte, et voyons ce qu'il faut conclure de l'identité permanente du disque lunaire.

Faut-il, comme le veulent les astronomes, en déduire ce fait, que la Lune, outre son mouvement de translation autour de la Terre, possède un mouvement de rotation sur un axe, dont la durée est précisément égale à celle de sa révolution?

1. Ce que les astronomes appellent *libration réelle* est un mouvement oscillatoire dû à la forme allongée de la Lune, selon le diamètre tourné vers la Terre. Cette oscillation est causée par l'action de la pesanteur terrestre, qui ramène sans cesse dans la direction du centre de notre globe l'espèce de pendule formé par le globe lunaire.

Devons-nous, au contraire, ainsi que le prétendent certains adversaires des astronomes et, au premier abord, la plupart des personnes étrangères à la science, tirer du même fait la conclusion opposée, à savoir que la Lune n'a pas de mouvement de rotation?

Avant de nous décider pour l'un ou pour l'autre de ces partis, examinons et résolvons une question préalable.

Qu'est-ce qu'un mouvement de rotation? Quand doit-on dire d'un corps quelconque, sphérique ou non, qu'il a exécuté une rotation entière?

Lorsque ce corps, quels que soient d'ailleurs ses autres mouvements, a successivement présenté la même face à tous les points de l'espace indéfini qui l'entoure, situés dans un même plan idéal.

Si, au contraire, un corps en mouvement ou en repos présente toujours la même face au même point, au même côté de l'espace, de manière qu'un plan arbitraire qui le coupe, ou bien reste sans cesse immobile, ou bien, en se mouvant, demeure sans cesse parallèle à lui-même, dans ce cas, dis-je, le corps dont il s'agit n'a pas de mouvement de rotation.

Auquel de ces deux corps la Lune doit-elle être assimilée? Là est toute la question.

En présentant toujours la même face à la Terre, — autour de laquelle elle exécute une série continue de révolutions, — n'est-il pas vrai que la Lune montre successivement cette face à tous les points de la périphérie de l'espace indéfini? N'est-il pas vrai que l'un des plans qui la coupent, par exemple, le plan de séparation de l'hémisphère visible et de l'hémisphère invisible, ne reste point parallèle à lui-même, comme il devrait arriver si la Lune n'avait pas de mouvement rotatoire, mais prend successivement toutes les directions, de manière à être vu, après une révolution complète, de tous les points du Ciel?

La Lune tourne donc sur elle-même; mais ce qui détruit pour la Terre l'effet de cette rotation, c'est-à-dire la visibilité de toutes ses faces, c'est cette circonstance particulière que, pendant la durée de cette rotation, elle accomplit en même temps autour de la Terre son mouvement de révolution. Il en résulte que l'arc de rotation décrit en un jour, je suppose, a pour correctif un arc de translation dont la valeur angulaire est équivalente, mais de sens contraire, précisément parce que les deux mouvements sont de même sens.

Telles sont les considérations qui nous forcent à nous ranger, dans cette question, du côté des astronomes, malgré certaine note publiée jadis à ce sujet dans le journal officiel du gouvernement français, note dont la lecture m'étonna beaucoup lors de son apparition, et qui prouve que l'infaillibilité n'est le caractère de personne, pas plus en politique qu'en astronomie.

Avant d'entamer la question si intéressante de la constitution physique du satellite de la Terre, je ferai remarquer qu'un habitant de la Lune — à supposer qu'il en existe — doit voir notre globe avec les mêmes apparences de phases lumineuses et obscures que présente le disque lunaire lui-même, et cela dans le même intervalle de vingt-neuf jours et demi. Quand nous avons *pleine Lune*, les Luniens ont *nouvelle Terre*, et réciproquement. La Terre est pour eux à son dernier quartier, quand la Lune est au premier pour nous.

Seulement la grosseur apparente de notre planète est beaucoup plus considérable. En surface, le disque de la Terre paraît treize fois plus grand aux habitants de la Lune, que le disque de cette dernière ne nous paraît à nous-mêmes. En outre, il leur semble occuper toujours la même position fixe dans l'hémisphère visible du Ciel [1], tandis que le Soleil et les étoiles se meuvent continuellement. La Terre est pour eux comme une lampe immense, suspendue dans l'espace, et qui s'allume à mesure que leur nuit s'accroît.

---

1. Mais, par compensation, la rotation diurne de notre globe eur permet de voir successivement toutes les parties de sa surface.

Ils sont donc mieux partagés que nous, et peuvent mieux que nous aussi, invoquer les causes finales pour le besoin de leur théologie, s'ils sont forcés, pour étayer leurs hypothèses religieuses, d'avoir recours à cette sorte d'arguments. Il est bon d'ajouter que ma remarque s'applique seulement à la moitié visible de la Lune; l'autre moitié, ne voyant jamais la Terre, est forcée de se passer, pendant ses longues nuits de trois cent cinquante-quatre heures, de tout flambeau céleste.

La lumière réfléchie par l'hémisphère éclairé de la Terre, sur la portion obscure de la Lune, rend visible, avant et après la nouvelle Lune, cette partie de son disque. C'est ce qu'on nomme la *lumière cendrée*. Nous voyons donc, d'ici, le *clair de Terre* dont jouissent nos voisins, comme aussi nos *clairs de Lune* leur permettent de distinguer les parties obscures du disque de la Terre.

La forme de la Lune est à peu près sphérique : toutefois des considérations, déduites des théories de l'attraction universelle et de l'égalité de ses deux mouvements de translation et de rotation, ont amené les astronomes à cette opinion, qu'elle est allongée dans le sens du diamètre qui joint son centre à celui de la Terre.

Quant à ses dimensions, les voici :

Le rayon du sphéroïde lunaire, évalué en kilomètres, vaut de 1,580 à 1,600 kilomètres, ou un peu
plus du quart du rayon de la Terre. Le pourtour de
la Lune est donc de plus de 10,000 kilomètres. La
surface totale est la treizième partie de celle de la
Terre; enfin, son volume est la quarante-neuvième
partie du volume de notre globe. On a vu plus haut
que sa masse est quatre-vingt-huit fois moindre que
la masse de la Terre; ce qui donne pour sa densité
les cinq neuvièmes environ de la densité moyenne
de cette dernière, c'est-à-dire un peu plus de trois
fois la densité de l'eau.

C'est, comme on voit, un assez joli petit monde,
de dimensions plus que convenables pour un simple
satellite.

Voyons maintenant ce qu'on sait de sa constitution
physique.

La Lune, du moins dans la partie accessible aux
observations, a une surface très-accidentée. Les
taches nombreuses qu'on aperçoit à la vue simple
deviennent très-saillantes, dès qu'on se sert d'un
grossissement tant soit peu considérable. Il est évident
qu'elle est sillonnée d'aspérités nombreuses, de
formes caractéristiques : les ombres portées par ces
saillies accusent nettement leur existence, et il n'est

personne aujourd'hui, qui ne sache que la Lune est couverte de très-hautes montagnes.

Beaucoup sont en forme de pics et de pitons; mais ce qui frappe l'observateur, c'est le nombre considérable de cratères, ou cavités circulaires analogues à celles des terrains volcaniques, mais de dimensions relativement énormes. Ainsi le cratère de *Ptolémée* a 180 kilomètres de diamètre. Le fond de ces cavités est généralement au-dessous de la surface extérieure qui entoure les murs d'enceinte.

Des cartes fortes exactes et fort détaillées des accidents de la surface lunaire ont été dessinées et gravées, et permettent d'étudier la disposition des terrains. Les mesures des hauteurs ont été prises avec une grande précision, et l'on est étonné, quand on voit pour la première fois les nombres de mètres qui expriment l'élévation des montagnes lunaires, de leur trouver d'aussi fortes dimensions. Les hauteurs de 1,000 à 2,000 mètres sont très-communes, mais il y en a un grand nombre qui vont jusqu'à 5, 6 et même 7,000 mètres. Le pic de *Dœrfel* a 7,600 mètres de hauteur au-dessus du niveau des plaines environnantes.

De longues rainures, presque rectilignes, ont paru à certains observateurs l'indice de travaux dus aux habitants de la Lune; mais les dimensions considé-

rables de ces fentes à rebords perpendiculaires, — il
en est qui ont jusqu'à 1,600 mètres de largeur sur 5 à
6,000 mètres de profondeur, — ont fait renoncer à
cette interprétation. Il en est de même de prétendus
travaux de fortifications, aperçus par un professeur
allemand. Conservons cette illusion, que nos voisins — si voisins il y a — ignorent l'art de se détruire dans les règles et par bataillons, et que la folie
de la guerre est un des signes distinctifs de l'habitant de la Terre. Il est consolant de croire que la
justice préside quelque part au développement et à
l'organisation des sociétés d'êtres vivants!

Mais existe-il des habitants sur la Lune?

A cette question, les savants ne répondent encore
que par des constatations désespérantes : à les croire,
la Lune ne possède ni eau ni atmosphère. C'est une
planète desséchée, disent les uns; un monde fini,
une création morte, disent les autres.

Est-ce là un arrêt définitif? Rien ne le prouve
encore.

Les astronomes ont bien constaté que la durée du
passage d'une étoile derrière le disque lunaire n'est
point diminuée par la réfraction des rayons lumineux qui nous parviennent après avoir rasé les bords
du disque; ce qui prouve, ou bien que cette réfraction n'a pas lieu, auquel cas la Lune n'a pas d'at-

mosphère, ou que cette réfraction est excessivement
faible, et dans ce cas, l'atmosphère serait moins dense
que l'air qui reste encore dans le vide obtenu par les
machines pneumatiques les plus perfectionnées.

Mais, comme Arago le fait observer, la méthode
employée suppose que les dimensions du diamètre
de la Lune sont connues avec une extrême précision.
En est-il ainsi?

Encore, cela fût-il, la conclusion prouverait seulement que telle est la rareté de l'atmosphère au niveau des hautes montagnes, puisque le contour extérieur du disque de la Lune est déterminé par le
sommet des montagnes et non par le sol des plaines.

Enfin, une raison assez puissante en faveur de
l'opinion qui refuse une atmosphère à la Lune, c'est
la séparation tranchée des parties, lumineuse et obscure, du disque. Une atmosphère produirait sur la
Lune un crépuscule analogue au crépuscule terrestre, et la ligne de séparation de la lumière et de
l'ombre offrirait une dégradation qui n'existe pas.
Les ombres projetées par les montagnes forment
aussi sur la surface lunaire des taches noires très-
nettes.

La question est donc encore indécise, bien que les
preuves en faveur de l'existence d'une atmosphère
lunaire soient moindres que les preuves négatives.

S'il n'y a pas d'air dans la Lune, il faut en conclure qu'il n'y a pas d'eau.

Alors, en effet, l'absence de pression atmosphérique eût rendu l'évaporation extrêmement facile, et la formation de nuages aurait été permanente. Or, on ne constate aucune apparence de nuages à la surface de l'hémisphère visible. Des nuages eussent produit pour nous des taches sensibles, variables, tandis que la netteté de la vision est toujours la même, lorsque l'altération ne vient point des vapeurs qui se forment dans notre propre atmosphère.

Dans cette hypothèse, il faut avouer que les Luniens, s'ils existent, diffèrent considérablement des être vivants que nous connaissons, pour lesquels l'air et l'eau sont des conditions nécessaires d'existence et de développement. Mais, pour qui sait avec quelle profusion la nature varie les manifestations de la force vitale, des différences d'organisation aussi profondes n'ont rien d'essentiellement impossible.

QUINZIÈME CAUSERIE

—

Les Eclipses de Soleil et de Lune. — Ces phénomènes ne peuvent avoir lieu qu'aux époques d'opposition ou de conjonction. — Conditions de possibilité des Eclipses. — Prédiction et calcul des Eclipses. — Les nuages roses et les protubérances rougeâtres du disque solaire.

Voilà un de ces phénomènes si connus, si souvent observés par les personnes les plus étrangères à la pratique des sciences, qu'il me parut d'abord superflu d'en faire l'objet d'une de nos causeries. Il y a, en effet, en moyenne, de trois cent-cinquante à quatre cents éclipses dans la période d'un siècle : il s'en faut, il est vrai, qu'elles soient toutes visibles à la fois de tous les points de la Terre; mais le nombre des éclipses, soit de Lune, soit de Soleil, visibles en un lieu donné du globe, est encore assez considérable, pour rendre vulgaire l'observation de ce phénomène astronomique.

Toutefois, comme la théorie des mouvements de la Lune et de la Terre se trouve confirmée par l'explication raisonnée des éclipses, et que nous avons surtout en vue de connaître la raison des faits, je crois devoir entrer à ce sujet dans quelques détails.

Tout corps opaque, quand il est éclairé, projette derrière lui, c'est-à-dire à l'opposé de la source de lumière, une ombre : l'ombre est la portion de l'espace dans laquelle les rayons lumineux ne peuvent pénétrer, à cause de leur propagation en ligne droite, et qui, pour cette raison, se trouve privée de lumière. Si le corps éclairé est sphérique, la forme de l'ombre sera celle d'un cône circulaire, et si la source de lumière est de dimension supérieure à celle de la sphère en question, ce cône aura son sommet situé à une certaine distance au delà du corps éclairé; distance qui dépend à la fois des dimensions relatives des deux corps et de leur distance mutuelle.

Indépendamment de l'ombre, il y a aussi la pénombre : c'est une portion de l'espace qui enveloppe la première et comprend tous les points où n'arrive qu'une partie des rayons lumineux de la source [1]. La pénombre est d'autant plus obscure qu'elle est plus voisine de l'ombre même.

La Terre et la Lune, corps de forme sphéroïdale,

1. Il n'y a pas de pénombre quand la source lumineuse se réduit à un point.

étant tous deux éclairés par le Soleil, dont les dimensions sont incomparablement plus grandes, doivent projeter dans l'espace des ombres coniques, dont la géométrie permet de déterminer facilement les longueurs respectives.

Maintenant, imaginons que l'un de ces deux astres entre en totalité ou en partie dans l'ombre de l'autre, et nous aurons éclipse :

Éclipse de Lune, si la Lune pénètre dans le cône d'ombre de la Terre ;

Éclipse de Soleil, si la Terre passe — ce qui ne peut jamais arriver qu'en partie — à travers le cône d'ombre projeté par la Lune.

Telles sont les causes, fort simples, de ces deux sortes de phénomènes.

Il reste à savoir maintenant dans quelles circonstances les éclipses se produisent. Or, la connaissance des mouvements des deux astres rend cette prévision très-facile. Examinons :

our qu'il y ait éclipse de Lune, il faut que la Terre soit interposée entre notre satellite et le Soleil ; ce qui revient à dire que l'éclipse de Lune ne pourra avoir lieu que pendant la phase d'opposition ou de pleine Lune. C'est, en effet, dans cette phase seulement que la Terre est directement interposée entre la Lune et le Soleil.

Pareillement, le Soleil ne peut être éclipsé pour la Terre, qu'à l'époque où la Lune se trouve entre ces deux astres; ce qui arrive, dans chaque lunaison, à l'époque de la conjonction ou de la Lune nouvelle, parce que c'est dans cette phase seulement que la Lune est directement interposée entre le Soleil et la Terre.

En résumé, les éclipses ne sont possibles que dans les syzygies : ce qui ne veut pas dire qu'elles aient lieu nécessairement à toutes les périodes lunaires. Pour qu'il en fût ainsi, il faudrait que les trois corps fussent en ligne droite, ou, condition équivalente, que la Lune fût, à chacune de ces deux phases extrêmes, soit dans le plan même de l'écliptique, soit dans le voisinage de ce plan. Or, on sait que l'orbite de la Lune n'est pas plane, et qu'en outre son inclinaison sur l'orbite de la Terre atteint jusqu'à 5 degrés. Il arrive donc le plus souvent qu'elle ne coïncide pas avec le plan de l'orbite terrestre, et qu'elle ne remplit pas la condition nécessaire, soit à son immersion dans le cône d'ombre de la Terre, soit au passage de la Terre dans le cône d'ombre de la Lune.

Les éclipses ont donc lieu seulement lorsque la Lune est voisine d'un de ses nœuds [1], pourvu qu'en

1. Rappelons que les nœuds sont les points où la Lune vient couper l'écliptique.

même temps elle se trouve dans l'une des deux phases de nouvelle Lune ou de pleine Lune. Mais, comme cette circonstance est loin de se présenter à chaque période lunaire, il est aisé de comprendre pourquoi les éclipses sont beaucoup moins nombreuses que ces périodes mêmes

On conçoit que la connaissance du mouvement de la Lune permette le calcul précis des époques où les éclipses, non-seulement sont possibles, mais ont lieu certainement. Bien plus, on sait prédire au juste l'instant précis où ces phénomènes commencent, leur durée et l'heure de leur terminaison, et cela pour chaque lieu de la Terre.

C'est le moment de faire une distinction essentielle entre les éclipses de Lune et celles de Soleil; distinction sans laquelle on ne se rendrait pas bien compte de la visibilité ou de la non-visibilité des éclipses, selon le lieu de notre globe où l'on se trouve.

Lorsque la Lune pénètre dans le cône d'ombre projeté par la Terre, la surface brillante de son disque est réellement obscurcie. Qu'en résulte-t-il? C'est que l'éclipse a lieu, au même instant physique, pour tous les points de la Terre qui ont, à ce moment, la Lune au-dessus de leur horizon. Si les heures ne sont point les mêmes, cela tient à la différence des longitudes des divers lieux; différence qui fait, par exemple, que les horloges marquent onze heures à Paris, quand il est minuit à Vienne ou à Dantzick. Une éclipse de Lune n'est donc invisible que pour l'hémisphère de la Terre qui, en ce moment, ne voit pas la Lune.

Il n'en est pas de même d'une éclipse de Soleil. Le disque de cet astre ne nous paraît obscurci que par l'interposition du disque de la Lune, dont le cône d'ombre vient nous envelopper; mais, en réalité, le disque solaire reste aussi brillant qu'auparavant. Dès lors, tous les points de la Terre que le cône d'ombre ne parcourra point, ou bien n'éprouveront qu'une éclipse partielle, ou même ne cesseront pas de voir le disque entier du Soleil, et par conséquent n'auront pas d'éclipse.

Ainsi, par un effet de projection ou de perspective géométrique facile à comprendre, les éclipses de Soleil ne sont pas visibles pour tous les points de la Terre. Elles sont totales pour certains lieux, partielles pour d'autres, et invisibles pour le reste de l'hémisphère éclairé par le Soleil. Il serait par trop simple d'ajouter qu'elles sont également invisibles pour l'hémisphère obscur de la Terre. De plus, elles n'ont pas lieu, pour tous les points où elles sont visibles, au même instant physique. Cela tient à ce que la Lune, en vertu de son mouvement réel combiné avec le mouvement de la Terre, promène son cône d'ombre à la surface de notre globe, de manière à lui faire décrire une courbe qu'on sait calculer d'ailleurs avec précision.

Une des conditions essentielles pour la possibilité des éclipses, c'est que le cône d'ombre de la Terre atteigne la Lune; c'est que le cône d'ombre de la Lune atteigne la Terre. J'ai mentionné plus haut cette condition. Est-elle nécessairement toujours remplie?

On trouve, par le calcul, que la longueur du cône d'ombre projeté par la Terre dans l'espace, quand notre globe se trouve à sa distance moyenne au Soleil, est de deux cent seize à deux cent dix-sept fois la longueur de son rayon. Aux distances maximum et minimum, ou, comme on dit en langage astronomique, à l'aphélie et au périhélie, ce cône vaut deux cent vingt fois et deux cent treize fois ce même rayon.

Or, on a vu que la Lune ne s'éloigne jamais de la Terre à plus de soixante-quatre rayons terrestres. Ainsi cette première condition est toujours, et au delà, remplie. La possibilité d'une éclipse de Lune est donc, par le fait, indépendante de cette condition.

En outre, la dimension du cône est telle que la

Lune peut s'y plonger tout entière, et par suite être totalement éclipsée. Si, dans les éclipses totales de Lune, le disque de notre satellite reste couvert d'une lumière rougeâtre, cela tient à la réfraction par l'atmosphère de la Terre, des rayons lumineux du Soleil, réfraction qui en réalité raccourcit la longueur du cône d'ombre. Ajoutons que la lumière, envoyée ainsi à la Lune par voie de réfraction, est en grande partie absorbée par les couches plus denses de notre atmosphère.

Quant au cône d'ombre projeté par la Lune, sa longueur varie entre cinquante-sept fois et demie et cinquante-neuf fois et demie le rayon terrestre. Comme la distance de la Lune à la surface de la Terre varie entre cinquante-six et soixante-trois fois ce même rayon, on voit qu'il pourra arriver, à l'époque d'une éclipse de Soleil, que le cône d'ombre n'atteigne pas la surface de la Terre. Cela revient à dire que le diamètre apparent de la Lune est quelquefois moindre que celui du Soleil. Mais, comme le disque lunaire se projette toujours alors sur le Soleil, il y a néanmoins éclipse. Dans ce cas, au milieu du phénomène, un anneau lumineux reste toujours visible, et l'éclipse est dite *annulaire*. Quant à sa visibilité et à son étendue, elles varient suivant la position géographique des lieux d'observation; et les remarques faites plus haut pour les éclipses totales subsistent pour les éclipses annulaires.

Les anciens, dont les connaissances astronomiques étaient fort incomplètes, et qui, par suite, n'avaient pas les moyens précis de calculer les positions exactes des astres, à des époques déterminées, étaient arrivés cependant à prédire les éclipses [1]. Une longue

---

1. Toutefois ces prédictions étaient fort incomplètes et se distinguaient des prédictions ou plutôt des calculs de l'astronomie moderne, par un caractère qu'un publiciste et philosophe éminent précise en ces termes :

« Si une observation empirique a dévoilé le retour périodique des éclipses de Soleil ou de Lune dans le même ordre au bout d'environ dix-neuf ans, cette connaissance pourra devenir la base d'une sorte de prévision spontanée envers les époques suivantes. C'est essentiellement ainsi que les castes sacerdotales, antiques ou actuelles, ont pu quelquefois prédire confusément ces phénomènes, sans aucune autre invention capitale que celle d'une écriture propre à conserver parmi elles le souvenir des événements observés. Mais de telles annonces ne peuvent être que vagues et même incertaines, parce que les périodes considérées, outre qu'elles sont alors mal connues, ne reproduisent ordinairement que la principale influence déterminante. Quant à des prévisions vraiment géométriques, on peut assurer, sans aucune hésitation, qu'elles étaient impossibles, soit à l'état d'enfance scientifique qui correspond à ces civilisations théocratiques, soit même après la fondation initiale de l'astronomie mathématique dans l'école d'Alexandrie, vu la double imperfection correspondante de la géométrie abstraite et de l'exploration céleste. C'est uniquement chez les modernes Occidentaux, ou plutôt depuis trois siècles, que ces annonces rationnelles, seules satisfaisantes, ont pu régulièrement devenir certaines et précises. »

(AUGUSTE COMTE, *Astronomie populaire.*)

suite d'observations leur avait appris que dix-neuf
années environ forment une période telle, que les
positions relatives des nœuds de la Lune, de la Terre
et du Soleil se reproduisent presque identiquement;
de façon que les éclipses de Lune et de Soleil, ré-
parties dans cette période, se trouvent ramenées dans
le même ordre. Ce moyen, tout empirique qu'il fût,
finit par ébranler les préjugés et superstitions populaires relatifs aux éclipses : quand on vit la régularité présider à ces phénomènes, attribués d'abord à
des influences magiques et surnaturelles; on se fami-
liarisa avec leurs apparitions, et les terreurs dis-
parurent. De nos jours, la pensée humaine, éclairée
par une philosophie rationnelle, s'est élevée plus
haut encore dans la conception de l'ordre universel,
et la création fantasmagorique d'êtres imaginaires, à
la volonté desquels les mondes seraient incessamment soumis, ne semble plus le fait que des esprits
mystiques ou peu au courant de la science nouvelle [1].

Un mot maintenant sur les phénomènes curieux
qui accompagnent les éclipses.

Il y a peu de choses à signaler dans les éclipses de
Lune, sinon la teinte rougeâtre que prend d'ordi-

1. Voyez les dernières et remarquables publications d'un penseur érudit, M. Renan.

naire la partie éclipsée, et dont on a vu plus haut la cause. Des observateurs ont aperçu sur le disque obscurci des points brillants, que l'on considéra d'abord comme des volcans en ignition. Mais tout semble prouver qu'ils ont été le jouet d'une illusion, et rién de précis, de sérieusement constaté, n'a pu fournir encore de données particulières sur ce point de la constitution actuelle de notre satellite.

Les éclipses de Lune pourraient servir à déterminer la longitude en mer, si l'entrée du disque dans la pénombre ne rendait extrêmement vague le commencement précis du phénomène. L'erreur possible en pareil cas dépasse beaucoup celle qu'on peut négliger, pour fixer d'une manière suffisante la position d'un navire. Au début de ces causeries, j'ai tâché de faire comprendre comment il est possible de résoudre ce problème, en mesurant la distance apparente du bord de la Lune à certaines étoiles particulières, ou en notant l'heure du passage de ces mêmes étoiles derrière le disque de l'astre [1].

1. Si l'on désire avoir une idée plus précise de la solution dont il s'agit, qu'on veuille bien se rappeler :

Que la Lune est un astre relativement très-proche de la surface de la Terre, tandis que les étoiles qui semblent être dans son voisinage, en réalité sont situées à des distances incomparablement plus grandes;

Qu'alors, si l'on se déplace à la surface de la Terre, sur les

Si les éclipses de Lune offrent peu d'intérêt, au point de vue des incidents qu'elles ont présentés jusqu'ici aux observateurs, il n'en est pas de même des éclipses solaires, surtout des éclipses totales.

Pour en donner une idée, je vais entrer dans quelques détails sur les plus saillants phénomènes qui ont signalé la dernière éclipse totale [1], celle du 18 juillet 1860. On verra quel parti il sera possible d'en tirer un jour, pour arriver à la solution des questions qui concernent la constitution physique de la Lune et du Soleil.

C'est au nord de l'Afrique et en Espagne qu'ont été faites les observations suivantes, par des astronomes que la solennité et l'intérêt du phénomène avaient attirés de tous les observatoires de l'Europe.

Dans la partie de l'éclipse où le disque lunaire, s'avançant comme un écran sur le Soleil, a empiété

mers ou sur les continents, le disque de la Lune ne correspond plus tout à fait au même point du ciel; de sorte que deux observateurs situés, l'un à Paris, l'autre dans la Méditerranée, mesurant au même instant la distance angulaire de la même étoile au bord de la Lune, ne trouveront pas le même résultat.

Or, il y a entre ces distances, les heures d'observation et la position des observateurs, des rapports mathématiques qui permettent de trouver la différence de longitude des deux lieux géographiques. Des tables calculées d'avance, je l'ai dit aussi, servent aux marins ou voyageurs qui éprouvent le besoin de déterminer exactement le lieu où ils se trouvent.

. Ceci était écrit en février 1861.

peu à peu sur lui, en ne produisant qu'une occultation partielle, les particularités ont offert peu d'intérêt. On a constaté seulement, avec la diminution progressive de la lumière, un abaissement de température qui a été jusqu'à 6 degrés centigrades.

Mais aussitôt que l'éclipse est devenue totale, les observateurs ont été témoins d'une série de phénomènes extrêmement curieux.

Le disque obscur de la Lune s'est entouré d'une auréole lumineuse, dont la teinte allait en s'effaçant, à mesure qu'elle s'éloignait du Soleil. Des rayons plus lumineux, partant dans toutes les directions, donnaient à cette auréole l'aspect d'une *gloire;* quelques-uns d'entre eux ne convergeaient pas vers le centre, et prenaient la forme d'un panache recourbé.

Puis, sur tout le contour caché du Soleil, apparurent successivement des protubérances de formes variées : les unes, ressemblant à des nuages isolés de couleur rose et d'inégale intensité; les autres, sous forme de pics incandescents, roses, violets, de couleur carmin; d'autres enfin, s'échappant du disque comme des flammes, comme des crêtes lumineuses d'un rouge éclatant. Sur toute une partie du contour du Soleil, on vit une succession de nuages rouges, dentelés, ou encore un filet pourpre d'une moindre élévation.

Toutes ces apparences, dont des épreuves photographiques ont conservé l'aspect à divers moments de l'éclipse totale, variaient de forme, de position et de grandeur, à mesure que le temps s'écoulait.

Sont-elles l'indice de l'existence d'objets réels, de nuages qui flottent à la surface du Soleil ou dans son atmosphère, ou ne sont-elles que des phénomènes d'optique, de diffraction, par exemple?

Bien que les diverses circonstances et les relations des divers observateurs n'aient point encore été, du moins que nous sachions, analysées, contrôlées et discutées, et qu'ainsi la réponse à de telles questions ne puisse être que provisoire, on s'accorde néanmoins à reconnaître que la couronne ou l'auréole lumineuse est un effet d'optique, qui ne correspond point à l'existence réelle d'une atmosphère solaire ou lunaire; que c'est un phénomène de diffraction.

Quant aux protubérances rougeâtres, elles accusent l'existence, à la surface du Soleil, d'une couche continue de matière d'une assez grande densité, recouvrant la surface lumineuse de l'astre. C'est hors de cette couche ou dans sa profondeur que se manifestent ces sortes d'éruptions produites sans doute par des tourmentes, des sortes de trombes, des tempêtes gigantesques. On peut se faire une idée de l'immensité de ces météores solaires, quand on sait que, d'après les mesures de deux astronomes, des pics incandescents avaient, au moment de l'éclipse, 20,000 lieues d'épaisseur et 6,000 lieues d'étendue.

L'obscurité produite par l'éclipse n'a point été aussi forte qu'on s'y attendait : cependant des étoiles de première grandeur, des planètes apparurent. L'horizon se colora de teintes cuivrées au moment où le cône d'ombre vint envahir le sol. Enfin la disparition de la lumière et de la chaleur solaires produisit, sur divers animaux, des impressions diverses fort sensibles.

Ce court récit suffira peut-être à donner une idée de la beauté et de l'importance d'un spectacle d'ailleurs fort rare.

L'année 1861 a vu encore se reproduire ce phénomène, qui n'aura plus lieu ensuite qu'en 1870. Mais alors il faudra courir au-devant de lui, et aller l'observer dans la Méditerranée, dans l'océan Atlantique, ou au désert de Sahara.

J'aurais voulu, devançant les conclusions des savants, examiner les conséquences rigoureuses ou conjecturales qu'on va pouvoir tirer des faits constatés plus haut : mais tant que l'élimination des points douteux n'est pas faite, tant que la concordance des observations n'autorise pas l'admission d'un fait précis, la réserve est commandée par la plus vulgaire prudence, et l'hypothèse admise jusqu'ici pour la constitution physique du Soleil, hypothèse récemment modifiée et dont j'ai donné plus haut une sommaire esquisse, me paraît devoir être conservée jusqu'à nouvel ordre.

SEIZIÈME CAUSERIE

Planètes inférieures. — Excursion dans Vénus et dans Mercure. — Leurs dimensions et leurs distances. — Mouvements de rotation et de révolution. — Ce qu'on sait de la constitution physique de ces deux planètes. — Vénus a-t-elle un satellite?

Si de la Terre nous reprenons notre course vers le Soleil, nous rencontrerons en route deux des plus intéressantes planètes du système, que nous pouvons dire nos voisines, puisque, dans leurs mouvements, elles se rapprochent de la Terre au point de n'en être plus éloignée, l'une, que de 18,700,000 lieues, l'autre, que de 9,000,750. C'est, pour la première, cent quatre-vingt-quinze fois, pour la seconde, cent deux fois la distance où nous sommes de la Lune.

Ces deux planètes furent toutes deux connues des anciens, mais assez mal connues, puisqu'ils les avaient pour ainsi dire dédoublées, de manière à en faire quatre planètes au lieu de deux. Ainsi, tantôt la plus rapprochée du Soleil était pour eux Apollon, le dieu de la lumière ou du jour; tantôt c'était Mercure, dieu des voleurs, ami de l'obscurité des nuits. De même, Vénus recevait le soir le nom de Vesper, et le matin celui de Lucifer : ils croyaient voir en réalité deux étoiles distinctes.

La raison de cette confusion est facile à saisir. A deux époques différentes, on voit chacune de ces deux planètes se coucher un peu après le Soleil, puis s'en éloigner de plus en plus chaque soir. L'écart maximum, qui est pour Vénus d'un peu plus du quart d'un demi-cercle céleste, et pour Mercure, environ moitié de l'écart de Vénus, étant atteint par ces astres, un mouvement en sens inverse les rapproche du Soleil, et ils finissent chacun par confondre leurs feux avec les rayons solaires.

Les anciens donnèrent aux deux planètes du soir les noms de Mercure et de Vesper.

Mais ils ne pouvaient croire, faute de connaissances astronomiques suffisantes, qu'elles fussent identiques avec les deux étoiles du matin, Apollon et Lucifer, qui, peu après la période dont je viens de parler, se lèvent un peu avant le Soleil.

Je n'ai pas besoin de vous dire que cette double oscillation est due à un mouvement de circulation exécuté par Vénus et par Mercure autour du centre de notre système planétaire. Une précédente causerie a été consacrée, si vous avez bonne mémoire, à l'explication des mouvements apparents des deux planètes inférieures.

Mais peut-être ignorez-vous que ces deux planètes ont des phases identiques à celles de la Lune et provenant des deux mêmes causes, de l'opacité de ces corps, non lumineux par eux-mêmes, et des positions diverses qu'ils occupent par rapport au Soleil et à la Terre. Il en résulte que les deux sphéroïdes de Vénus et de Mercure nous présentent tour à tour leurs hémisphères obscurs ou leurs hémisphères éclairés; je veux dire des portions plus ou moins grandes des uns et des autres.

Les orbites de ces deux planètes étant comprises dans l'intérieur de l'orbite de la Terre, et leurs dimensions inférieures à celles de cette dernière courbe, n'en doit-on pas conclure que Vénus et Mercure ne seront jamais situés à l'opposé du Soleil, par rapport à la Terre, et ne devront parcourir que des portions restreintes du ciel étoilé?

C'est aussi ce que l'observation constate. Elles n'ont pas d'opposition.

Mais en revanche elles ont chacune deux conjonctions, ou — si l'on veut bien se rappeler ce qu'est la

conjonction lunaire — deux positions pour lesquelles
la Terre est en ligne droite avec elles et avec le Soleil, du moins quand on considère le sens perpendiculaire à l'écliptique. Ces deux positions correspondent aux moments où les planètes se trouvent, soit
au devant du Soleil, soit au contraire, par rapport
à la Terre, derrière cet astre.

Est-il besoin d'ajouter qu'on ne doit pas confondre,
dans les explications qui précèdent, Vénus et Mercure? Elles ne suivent pas, ces deux planètes *inférieures* ou *intérieures*, la même route dans le ciel, et
n'accomplissent pas davantage leurs périodes dans le
même temps ni simultanément. Si donc je les ai un
instant réunies, c'est que leurs mouvements, leurs
apparences sont de tout point analogues.

Mais il faut dire encore, avant de les étudier séparément, qu'à chacune de leurs révolutions autour du
Soleil, elles devraient faire éclipse, c'est-à-dire se
projeter en noir sur le disque du Soleil, quand elles
passent devant lui, ou être cachées par ce disque,
quand elles passent derrière lui. Il n'en est rien cependant. C'est que leurs orbes ne se confondent
point avec celui de la Terre; ils sont inclinés sur ce
dernier, de telle sorte que le plus souvent les deux
astres dépassent en dessus et en dessous le disque
du Soleil, à l'époque de leurs conjonctions.

Pour qu'il y ait passage, il faut que ces conjonctions aient lieu au moment des nœuds [1], ou du moins dans le voisinage de ces points.

Cela arrive encore assez souvent pour Mercure. D'ici à la fin du dix-neuvième siècle, on pourra observer six passages de Mercure sur le disque du Soleil. Le dernier de ces phénomènes a eu lieu le 12 novembre 1861.

Quant aux passages de Vénus, ils sont plus rares. Il y en a deux au plus par siècle, lesquels se succèdent alors à huit ans d'intervalle : les deux passages du dix-neuvième siècle auront lieu le 8 décembre 1874 et le 6 décembre 1882. L'importance du phénomène en compense la rareté. On comprendra la raison de l'intérêt que les astronomes attachent au passage de Vénus, quand on saura que ce passage fournit une des méthodes les plus simples et les plus précises, au moyen desquelles on soit parvenu à déterminer la distance du Soleil à la Terre.

---

1. Je rappelle ici qu'on entend par *nœuds* d'une planète ou de la Lune les points où l'orbite de l'astre en question vient couper l'orbite de la Terre. A l'époque des nœuds, le centre de l'astre est donc précisément dans le plan de l'écliptique. Il y a alors éclipse, si le Soleil se trouve en même temps en conjonction ou en opposition.

On a ainsi la clef étymologique de ce nom d'*Écliptique* donné au plan de l'orbite terrestre.

Enfin, pour en finir avec les généralités qui concernent Mercure et Vénus, disons que la première de ces deux planètes décrit son orbite en deux mois et vingt-huit jours environ, tandis qu'il faut sept mois et quatorze jours deux tiers, à Vénus, pour accomplir sa révolution totale; que les distances au Soleil de Mercure varient entre 11 millions et demi environ et 18 millions de lieues de quatre kilomètres; pour Vénus, ces distances extrêmes sont de 27,300,000 lieues et 27,000,670 lieues. D'où la conséquence que l'orbite de Vénus est presque circulaire, tandis que celle de Mercure est très-allongée, circonstance que j'ai mentionnée dans une précédente causerie.

La planète Mercure, en raison de sa grande proximité du Soleil, est d'une observation difficile. Elle n'est jamais fort élevée au-dessus de l'horizon, et dès lors elle exige, pour être vue nettement, une grande pureté des couches inférieures de l'atmosphère. Néanmoins, sa lumière est fort vive et parfois scintillante.

Que sait-on de sa constitution physique?

Peu de chose encore. Les lunettes ont bien donné, par des mesures micrométriques, la valeur du diamètre apparent de son disque et par suite sa grandeur réelle évaluée en lieues de quatre kilomètres.

Ce diamètre est de 1,250 lieues environ, un peu plus des trois huitièmes du diamètre de la Terre. Son volume n'est donc que les six centièmes du volume de notre globe, mais il est environ le triple du volume de la Lune.

Mercure est, comme on voit, une planète d'assez belle dimension, et qui ne fait pas trop mauvaise figure en compagnie des planètes ses voisines, de la Terre et de Vénus.

Si les conditions physiques dans lesquelles il se trouve sont à peu près identiques aux conditions analogues qu'on observe à la surface de la Terre, Mercure doit recevoir à profusion la lumière et la chaleur. En comparant l'intensité des rayons envoyés par le Soleil à la surface de cet astre avec l'intensité de ceux que reçoit la Terre, on trouve en moyenne pour la première un nombre sept fois aussi considérable. Doit-on se hâter d'en conclure que la température est plus forte dans la même proportion à la surface de Mercure? Non, sans doute; il faudrait, pour évaluer le rapport dont il s'agit, connaître la nature et les propriétés de l'atmosphère qui entoure cette planète, sa densité, sa capacité pour la chaleur et pour la lumière. Or, on sait fort peu de chose de l'atmosphère de Mercure : c'est tout au plus si l'existence en est bien démontrée.

14.

Les raisons qui militent en faveur de cette existence sont néanmoins assez concluantes.

D'un côté, d'habiles observateurs ont remarqué que la ligne de séparation de la lumière et de l'ombre, dans l'une quelconque des phases de Mercure, n'est pas nettement tranchée. La dégradation de teinte ne peut s'expliquer que par la présence d'une couche gazeuse, dont les parties supérieures sont encore éclairées, quand les autres sont déjà plongées dans l'ombre.

D'un autre côté, on a cru voir, lors du passage de la planète sur le disque solaire, une sorte d'anneau moins lumineux entourer la tache ronde et noire projetée sur ce disque, comme si les rayons solaires, en traversant l'atmosphère de Mercure, avaient été en partie absorbés par elle.

Enfin, une preuve plus convaincante encore, c'est la présence de taches variables qui obscurcissent le disque et produisent une variation d'éclat. Ces taches ont la forme de bandes obscures, qui affectent une direction constante. Ne doit-on pas voir dans ces bandes des couches nuageuses, dont la forme est due à des courants atmosphériques, ayant pour cause la vitesse de rotation de la planète? Il y aurait là un phénomène analogue aux vents réguliers et périodiques qui soufflent à la surface de la Terre, et dont

l'existence est liée à son mouvement de rotation.
Tout du moins porte à croire qu'il en est ainsi.

Quant au mouvement de rotation lui-même, ce
n'est pas l'analogie seule qui le prouve, mais une
série d'observations d'un phénomène périodique : je
veux parler de l'apparition et de la disparition d'une
troncature à l'extrémité de la corne méridionale du
croissant délié de Mercure. On attribue cette troncature à la présence d'une montagne très-élevée, dont
le flanc opposé au Soleil masque une certaine partie
du croissant lumineux; et comme l'intervalle de
temps qui s'écoule entre deux apparitions ou deux
disparitions successives est toujours le même, on en
a conclu la réalité d'un mouvement de rotation qui
s'accomplit, à peu de chose près, dans cet intervalle.
On trouve ainsi que la durée du jour solaire de Mercure est de vingt-quatre heures cinq minutes, un
peu plus du jour terrestre, et que la planète exécute
environ quatre-vingt-sept rotations et demie pendant
sa révolution autour du Soleil.

La direction des bandes nuageuses a servi à calculer l'inclinaison de l'axe de rotation sur le plan de
l'orbite : on a trouvé ainsi un peu moins du quart
d'un angle droit. Or, si l'on veut bien se reporter
par la pensée à la liaison qui existe entre la variabilité des saisons à la surface de la Terre et l'inclinai-

son de l'axe terrestre sur le plan de l'écliptique, on
en conclura aisément pour Mercure des variations
plus grandes encore, et par suite des températures
extrêmes plus éloignées les unes des autres que celles
constatées sur notre globe.

J'ajouterai, pour compléter ce qu'on sait de la
constitution de la planète que nous sommes en train
d'explorer, que des astronomes ont vu, ou cru voir,
sur la partie obscure de son disque un point lumineux. Ils en ont tiré la conséquence que des volcans
en ignition brûlent encore à la surface de Mercure.
S'il en est ainsi, c'est une probabilité de plus à l'appui de l'existence d'une atmosphère.

On a aussi mesuré la hauteur approximative de la
montagne qui a servi à constater le mouvement de
rotation et à en connaître la durée. Cette hauteur,
énorme pour les dimensions de la planète, ne serait
pas moindre de quatre à cinq lieues. C'est la deux-
cent-cinquantième partie du diamètre de Mercure.
Or, on sait que la plus haute montagne du globe
terrestre ne dépasse pas le niveau de la mer, de la
quatorze-centième partie du diamètre de la Terre.

Les détails qui précèdent, à les supposer d'une
complète exactitude, offrent certainement un très-
grand intérêt. Ils semblent prouver, en effet, l'analogie de structure de la planète en question et du

sphéroïde terrestre. Une masse centrale en fusion, qui s'épanche au-dessus de la croûte solidifiée par des ouvertures volcaniques, puis cette croûte, bouleversée par les révolutions internes, présentant à sa surface des dépressions et des élévations, des vallées et des montagnes. Seulement, dans Mercure, comme dans la Lune, les hauteurs de ces montagnes sont comparativement supérieures à celles de notre globe.

Les mesures des différents diamètres du disque de Mercure ne permettent pas encore d'affirmer qu'il y ait un aplatissement sensible, comme la théorie l'indique, dans l'hypothèse où il aurait été primitivement fluide. L'incertitude où l'on est encore, au sujet des éléments de la constitution physique de cette planète, s'explique par la grande proximité du Soleil, dès lors, par la difficulté des observations précises et par la rareté même de ces observations.

Les mouvements de la planète regardée jusqu'ici comme la plus voisine du Soleil sont aussi affectés d'anomalies qui ne s'expliquent point par des perturbations provenant des planètes actuellement connues. En faut-il conclure, ainsi qu'on l'annonce aujourd'hui, l'existence d'un certain nombre de planètes situées entre Mercure et le Soleil, et dont la première aurait été observée déjà, à l'un de ses

passages sur le disque de l'astre central? La question
reste encore pendante.

On le voit donc : sans sortir des limites de notre
monde, il y a beaucoup à faire encore en astronomie. Ce monde lui-même n'est pas encore entièrement découvert, et s'enrichit de jour en jour de
nouveaux éléments dont la connaissance importe au
complet achèvement des théories astronomiques.

Mais revenons à notre exploration, et de Mercure
élançons-nous sur Vénus.

C'est en sept mois et quatorze jours et demi que
nous achèverons avec elle une révolution entière autour du Soleil, dans une orbite peu inclinée sur le
plan de l'orbite terrestre. Pour un observateur situé
à la surface de la Terre, les phases de Vénus deviennent fort distinctes, à l'aide du grossissement obtenu
par les lunettes. Elles prouvent que la lumière éclatante dont brille la planète ne lui est pas propre :
c'est la lumière du Soleil qu'elle nous envoie par
réflexion. Cependant l'observation a constaté que les
parties obscures du disque de Vénus ne sont pas privées de toute lumière. Elles offrent une teinte rougeâtre, qui a fait supposer, que la matière composant
la planète était douée d'une sorte de phosphores-
cence.

C'est au moment des quadratures, c'est-à-dire lorsque Vénus, observée de la Terre, s'éloigne le plus en
apparence du Soleil, que sa lumière brille du plus
vif éclat. Elle est moindre au moment de la conjonction supérieure, alors que cependant son disque est
pleinement éclairé. Mais on comprendra la raison de
ces différences d'intensité, quand on réfléchira à la
variation considérable des distances de la planète à
la Terre, pendant la période de son mouvement de
révolution autour du Soleil.

Les dimensions réelles de Vénus approchent beaucoup de celles de la Terre; toutefois elles sont un
peu inférieures. Son diamètre est de 3140 lieues environ, ce qui donne un volume égal aux neuf cent
cinquante-sept millièmes du volume de notre globe.

A la distance moyenne de Vénus au Soleil, et en
faisant les mêmes réserves que pour Mercure, la lumière et la chaleur solaires reçues par cette planète
ont une intensité à peu près double de l'intensité des
rayons calorifiques et lumineux reçus par la Terre [1].
Mais les intensités extrêmes diffèrent beaucoup moins
que sur la Terre, précisément parce que, en raison
de la forme presque circulaire de l'orbite, la varia-

---

1. Le disque du Soleil, vu de Vénus à cette distance, paraît un
peu plus de deux fois aussi grand (en surface) que le même disque
vu de la Terre.

tion des distances de la planète au Soleil est moins considérable.

Vénus a, comme Mercure et comme la Terre, un mouvement de rotation sur un axe dont l'inclinaison sur le plan de son orbite est des cinq sixièmes d'un angle droit. Les saisons y offrent donc moins de variations que sur la Terre ; et en effet ces variations seraient nulles pour un astre dont l'axe serait perpendiculaire au plan de son orbite.

La durée du jour, dans Vénus, est à fort peu près la même que celle du jour terrestre, puisque la rotation s'effectue en vingt-trois heures, vingt et une minutes. C'est une ressemblance de plus avec la Terre, pour une planète dont les dimensions sont presque les mêmes.

Quant à sa constitution physique, les mêmes analogies se représentent : atmosphère nuageuse, taches permanentes, existence de hautes montagnes, mais mieux caractérisées que dans Mercure, les observations devenant plus faciles, pour un astre qui s'éloigne beaucoup plus du Soleil, et dont la lumière, par conséquent, ne va pas se perdre au milieu des rayons éblouissants du foyer commun.

Ce sont les irrégularités des cornes du croissant de Vénus, et mieux encore l'observation des points brillants isolés, dans le voisinage du bord concave du disque, qui ont accusé l'existence de hautes montagnes à la surface de la planète. Des mesures ont été prises, desquelles il faudrait conclure que certaines aspérités atteignent 44 kilomètres de hauteur perpendiculaire, cinq fois environ autant que les plus élevées des montagnes terrestres. Ces dimensions gigantesques ne doivent-elles pas donner aux paysages, dans les parties montagneuses de Vénus, une tournure plus que sauvage?

Il reste, au sujet de Vénus, un doute assez curieux, et qui est bien propre à montrer tout le chemin qui reste à faire pour la connaissance complète des éléments du système planétaire. Divers astronomes du siècle dernier s'accordent à mentionner l'existence d'un satellite de la planète, dont ils ont tous pu apercevoir les phases. Depuis on ne l'a pas revu, et l'on est à se demander si l'observation est réelle, ou si elle n'est point, par hasard, le produit d'une illusion d'optique. Arago, qui donne en détail l'historique de cet étrange fait dans son *Astronomie populaire*, n'ose se prononcer, et laisse la solution du problème aux observateurs futurs.

DIX-SEPTIÈME CAUSERIE

Mars. — Mouvements, dimensions et distances. — Taches; les neiges et les glaces aux pôles de Mars. — Les astéroïdes télescopiques. — Hypothèse sur leur origine. Ce qu'on sait de la constitution physique des principaux astéroïdes. — Le monde de Jupiter. — Mouvements et distances au Soleil et à la Terre. — Forme, aplatissement, taches et rotation. — Les satellites de Jupiter.

Nos pérégrinations à travers le monde solaire, du Soleil à la Terre, de la Terre à Mercure et à Vénus, puis de Vénus à Mars, ressemblent au voyage en zigzag d'un écolier en vacances. Il eût paru plus régulier de visiter successivement les planètes dans l'ordre de leurs distances à leur foyer commun. Mais procéder de cette manière, c'eût été perdre l'avantage, à mon sens très-important, de pouvoir comparer les phénomènes relatifs aux mouvements des deux premières planètes avec les phénomènes analogues que la Terre elle-même nous présente.

La succession des jours et des nuits, leurs gran-

deurs variables aux différentes époques de l'année,
les saisons, la variation de température produite par
les inclinaisons diverses de tous les horizons du
globe, rapportés au Soleil, sont autant de faits qui
s'enchaînent clairement aux mouvements de rotation
et de révolution de la Terre et à l'inclinaison de son
axe sur son orbite.

Dès lors, si l'on veut connaître ce que sont les
phénomènes analogues, à la surface de Mercure et
de Vénus, il suffit de modifier, d'après les données
que fournissent les observations, les nombres qui
mesurent soit la durée de la révolution, soit la durée de la rotation des deux planètes, soit enfin la
situation de leurs axes et leurs distances moyennes
et extrêmes au Soleil.

Rien de plus facile alors que de se livrer aux spéculations les plus probables, touchant les conditions
d'existence d'êtres organisés, en joignant aux données que je viens d'énoncer tout ce qu'on a pu connaître de plus précis de la constitution physique de
ces deux globes planétaires. Je ne doute pas que le
lecteur n'éprouve un certain charme à laisser ainsi
son imagination se promener dans le vaste champ de
l'hypothèse, et à rêver aux merveilles de mondes, à la
fois si semblables au nôtre et si différents de lui par
certains points.

Mais nous avons encore beaucoup de chemin à faire, le temps me presse; je me hâte donc de vous entraîner sur notre voisine d'au delà de l'orbite de la Terre.

C'est sur la planète Mars que nous abordons.

Mars est, pour la Terre, la planète située dans les conditions les plus favorables relativement à l'observation et à la découverte de tout ce qui se rattache à sa constitution physique.

Vénus, Mercure surtout, nous venons de le voir, sont tellement rapprochés du Soleil que, pour une grande partie de leurs mouvements oscillatoires apparents autour de cet astre, l'observateur est gêné par l'éclat des rayons solaires. Il n'en est pas ainsi pour Mars, dont l'orbite, embrassant celle de la Terre, contient une série de positions où la planète est à la fois à l'opposé du Soleil et à ses plus courtes distances à notre globe.

C'est la plus voisine de nous, parmi les planètes que nous avons appelées extérieures ou supérieures. Néanmoins sa distance à notre globe varie beaucoup, soit en raison de la grande excentricité de son orbite, soit en raison de ses positions par rapport au Soleil et à la Terre. Ainsi, tandis que la distance maximum peut aller jusqu'à 92 millions de lieues, la plus courte n'atteint guère que 16 millions.

La forme de l'orbite de Mars est, comme pour les autres planètes, elliptique ou ovale; mais son excentricité, je le répète, est fort grande; de sorte qu'il y a plus de 10 millions de lieues de différence entre la plus courte et la plus grande distance de Mars au Soleil. Pourquoi cette variété dans la forme des orbites planétaires? C'est ce qu'on ne peut expliquer dans l'état actuel des connaissances astronomiques; la cause de ces diversités va sans doute se perdre à l'origine de notre monde, aux époques excessivement reculées de la formation des planètes qui le composent. C'est aux astronomes de l'avenir à se poser et à résoudre ces questions, d'ailleurs fort intéressantes; et l'on peut ajouter qu'*à priori* leur solution n'offre rien de plus extraordinaire que celles déjà trouvées par Képler, Newton, d'Alembert et Laplace.

L'orbite de Mars fait avec l'écliptique un fort petit angle, de sorte que la planète s'en écarte, au-dessus et au-dessous, d'une faible quantité dans son mouvement de révolution. La durée de ce mouvement, c'est-à-dire le temps qu'elle met à revenir à un même point de son orbite, est de six cent quatre-vingt-sept jours environ, ou, si l'on veut, un an dix mois et vingt-deux jours : c'est ce qu'on nomme la révolution sidérale.

Quant à la révolution synodique, c'est-à-dire au

retour de la planète à une même position, rapportée au Soleil et à la Terre, à cause du mouvement propre de la Terre, sa durée est plus longue que celle de la révolution sidérale d'environ quatre-vingt-douze jours, ce qui lui donne une valeur de deux ans un mois et dix-neuf jours. Je rappelle ces définitions et je donne ces nombres pour qu'on arrive à comprendre nettement le sens de ces mots, fréquemment employés dans les ouvrages d'astronomie, révolution *sidérale*, révolution *synodique*.

On doit distinguer, dans le mouvement de Mars, rapporté à la Terre et au Soleil, deux positions particulières : la première, quand la Terre se trouve en ligne droite avec Mars et le Soleil, et entre ces deux astres ; dans ce cas, Mars est à l'opposé du Soleil, ou, comme on dit, en *opposition* ; la seconde situation est celle où Mars est au delà du Soleil, la Terre étant toujours en ligne droite avec eux ; c'est l'instant de la *conjonction*. Or, c'est un peu avant et un peu après l'opposition, que Mars paraît stationnaire dans le ciel ; dans l'intervalle, il décrit un arc rétrograde, en soixante-treize jours. Comme j'ai consacré une des causeries précédentes à l'explication de ces apparences, je n'ai point à y revenir. J'arrive donc aux particularités qui concernent la constitution physique de Mars.

Mars brille au ciel comme une belle étoile, dont la lumière, quelquefois scintillante, offre une teinte rougeâtre très-prononcée. De toutes les étoiles, c'est celle qui affecte le plus évidemment cette couleur, dué, paraît-il, non pas à un effet de lumière provenant du passage des rayons solaires à travers l'atmosphère de Mars, mais à la nature particulière de la matière qui forme son globe.

La lumière de Mars ne lui est pas propre : elle n'est autre que la lumière réfléchie du Soleil. Ce fait est prouvé, non pas seulement par l'analogie, mais par des expériences directes. Mars présente en effet des phases sensibles au moment de ses quadratures. A cette époque, la forme du disque, déterminée au moyen des micromètres, n'est plus exactement circulaire ; la phase est même assez forte pour être visible au premier coup d'œil. A l'opposé du Soleil, la courbe qui le termine est elliptique : Mars présente alors l'aspect de la Lune quelque temps avant l'opposition. On comprend aisément pourquoi il en est ainsi, la Terre se trouvant toujours à l'intérieur de l'orbe de Mars. Toutefois, quelque faibles que soient ces phases, elles suffisent pour démontrer directement le fait que Mars n'est pas lumineux par lui-même.

De nombreuses taches, d'une teinte sombre, existent à l'état permanent à la surface de la planète. Elles paraissent verdâtres, mais il est à présumer que cette couleur n'a rien de réel : elle est due sans doute à un effet de contraste, le reste du disque étant, comme je l'ai dit, d'une couleur rouge prononcée. De nombreux observateurs ont constaté le mouvement simultané de ces taches, et en ont conclu que Mars tourne sur lui-même autour d'un axe, dans l'intervalle de vingt-quatre heures trente-sept minutes. L'équateur de la planète la partage en deux hémisphères, où les taches sont inégalement distribuées.

L'angle que fait, avec l'orbite de Mars, son axe de rotation est d'environ les deux tiers d'un angle droit. C'est un point important à constater, car il en résulte une grande analogie entre cette planète et la Terre, au point de vue du partage de leurs révolutions solaires en quatre saisons analogues. La différence est surtout dans leur durée, qui est presque double à la surface de Mars. Le printemps et l'été embrassent une période de trois cent soixante-douze jours sur l'hémisphère nord de la planète; les deux cent quatre-vingt-seize autres jours appartiennent à l'automne et à l'hiver. En renversant ces nombres, on a la distribution des saisons hivernales et estivales sur l'hémisphère sud de Mars.

Indépendamment des taches permanentes qui des-

sinent à nos yeux la configuration des continents et
des mers, on observe, aux deux pôles de rotation, des
taches blanchâtres, de dimensions variables, qui successivement envahissent et découvrent les régions
polaires. L'intensité de leur lumière est double au
moins de l'éclat des autres parties lumineuses, et,
chose digne de remarque, elles semblent former sur
le globe lui-même des protubérances qui augmentent
sensiblement, sur les bords du disque envahis par
elles, les dimensions de la planète. Enfin, ce qui
achèvera d'éclairer sur la nature de ces taches blanchâtres, c'est cette circonstance permanente, que
celui des deux pôles envahi par les protubérances
est toujours le pôle opposé au Soleil, situé dans l'hémisphère où règnent les deux saisons hivernales.

Les glaces et les neiges s'accumulent donc périodiquement à chacun des pôles, de manière à produire, pour notre vue, les phénomènes dont nous
venons de parler. N'est-il pas plus que probable que
pareilles observations sont faites à la surface de Vénus,
ou mieux encore de la Lune, par les habitants de ces
corps célestes, s'ils étudient les transformations périodiques analogues dont la Terre est elle-même le
théâtre ?

Le pôle sud est, dit-on, plus éclatant sur Mars que
le pôle nord. C'est une analogie de plus avec la

Terre. On sait, en effet, que les glaces couvrent une plus grande partie de la calotte australe, moins rapprochée des continents que les régions boréales; le pôle sud de la Terre doit donc aussi paraître plus blanc, plus lumineux que l'autre, aux observateurs des mondes voisins.

Mars possède-t-il une atmosphère? L'affirmative est plus que probable. Des variations d'intensité dans les taches permanentes, la disparition de ces taches sur les bords mêmes de la planète, plus lumineux que son centre, ne permettent pas de douter que Mars possède une atmosphère : si cette enveloppe n'a pas la même composition que l'atmosphère terrestre, tout au moins on peut assurer qu'elle est vaporeuse. La glace et la neige indiquent l'existence de l'eau ou d'une substance analogue. La vaporisation de cette substance, d'autant plus forte que la pression d'une atmosphère aérienne serait moindre, suffirait donc à envelopper Mars d'une couche de vapeurs. Je ne parle pas de l'obscurcissement et même de la disparition des étoiles à l'approche de Mars, mentionnés par des observateurs comme autant de preuves de l'existence d'une atmosphère très-dense, parce que ces faits ne sont rien moins que constatés.

Nous ne quitterons pas cette planète intéressante sans en donner les dimensions principales. Son diamètre apparent varie beaucoup, parce que ses distances à la Terre varient elles-mêmes d'une manière considérable. Mais son diamètre réel est d'environ 1,600 lieues de quatre kilomètres. Le volume de Mars est donc les quatorze centièmes du volume de la Terre, tandis que sa masse en est la septième partie.

Sa forme n'est pas exactement sphérique, et l'on a constaté un assez fort aplatissement aux deux pôles de rotation. Mais les nombres donnés par divers observateurs, comme mesure de cet aplatissement, sont trop divergents pour qu'on puisse adopter l'un d'entre eux avec toute certitude.

A la distance moyenne de Mars à la Terre, la chaleur et la lumière qu'elle reçoit du Soleil ne sont pas moitié de la chaleur et de la lumière reçues par la Terre. Mais aux distances extrêmes, la proportion varie beaucoup.

Mars est privé de satellites. Grande difficulté pour les partisans du système des causes finales! En effet, si la raison d'être des satellites était, comme l'avancent les théologiens de toute école, dans le supplément de lumière qu'ils fournissent à la planète autour de laquelle ils gravitent, Mars aurait de nombreuses raisons d'en être pourvu. Son éloignement du Soleil, la densité des vapeurs qui l'entourent, la longueur de ses nuits, aussi considérable que celle des nuits terrestres, auraient plutôt exigé deux lunes qu'une seule. Il n'en est rien pourtant, et l'absence de satellite n'est plus problématique pour Mars, comme elle l'est encore pour Vénus

Qu'en faut-il conclure?

Que la science et la raison n'ont rien à voir dans ces lieux communs vulgaires, qui semblent avoir pour unique objet d'étayer des hypothèses contestables par des arguments plus contestables encore. Étudions les rapports des choses, et formulons-les tels que l'expérience et l'observation, contrôlées par le raisonnement, les découvrent à notre esprit. Mais gardons-nous de leur substituer les chimères d'une imagination trop souvent égarée par des subtilités mystiques.

Avant d'arriver à Jupiter, la plus colossale des planètes du système, nous allons avoir à traverser une multitude de petits astres qui circulent autour du Soleil comme les autres planètes, obéissent comme elles aux lois de mouvement que nous avons formulées, et ne paraissent s'en distinguer que par des orbites très-excentriques, des inclinaisons fort variables et assez considérables sur le plan de l'orbite terrestre, et enfin par une petitesse telle, qu'elle les a fait nommer *astéroïdes* ou planètes *télescopiques*.

C'est au début de notre siècle qu'a été découverte Cérès, la première des petites planètes. Pallas, Junon et Vesta lui succédèrent dans un petit nombre d'années. Puis il fallut attendre un intervalle de trente-huit ans avant la découverte de la cinquième, en 1845. A dater de cette époque, il ne se passa pas d'année, 1846 excepté, qui n'ait fourni son contingent à l'augmentation du nombre des astéroïdes. Au moment où j'écris ces lignes, la soixante dix-septième petite planète est découverte, et rien n'annonce que là doive se borner le succès des chercheurs.

En examinant la position des orbites de toutes ces planètes, les dimensions de leurs grands axes, qui varient entre deux et trois fois la distance moyenne de la Terre au Soleil, on est porté à considérer le système de ces petits astres comme un anneau de matière, circulant autour du foyer commun.

On crut d'abord, lorsqu'on découvrit les premiers astéroïdes, qu'ils n'étaient que les débris d'une plus grosse planète ayant existé antérieurement entre Jupiter et Mars; cette hypothèse était en quelque sorte justifiée par la publication récente de la loi empirique connue sous le nom de Bode ou de Titius, d'après laquelle il existait une lacune entre Mars et Jupiter.

Or le premier jour du dix-neuvième siècle, le

1ᵉʳ janvier 1801, ce hiatus disparut, grâce à la découverte de Cérès, due à l'astronome Piazzi, qui, à vrai dire, n'était rien moins que préoccupé de la lacune signalée dans la loi de Titius. La distance de cette planète au Soleil est en effet de 27.66 ou, en nombre rond, 28, celle de la Terre étant représentée par 10. Pallas et Junon, découvertes en 1802 et en 1804, sont approximativement à la même distance.

Ce ne fut donc pas une, mais deux, mais trois planètes, qui vinrent occuper l'espace, vide d'abord, compris entre Mars et Jupiter. De là, cette ingénieuse hypothèse d'Olbers, que les trois astres n'étaient que les fragments d'une planète plus considérable, qu'une catastrophe, dont la cause et l'origine étaient inconnues, avait fait éclater dans l'espace. Ces vues amenèrent bientôt, en 1807, la découverte de Vesta par Olbers lui-même. Eh bien, cette découverte, qui d'abord parut favorable à l'hypothèse, en ébranla au contraire les fondements. En effet, les lois de la mécanique enseignent que les débris d'un corps céleste, régi, comme les planètes, par l'attraction réciproque vers un centre commun, doivent décrire dans l'espace des orbites elliptiques de formes et d'inclinaisons variées ; mais dont les distances moyennes au corps central du système restent identiques.

En outre, circonstance remarquable, tous les fragments doivent successivement, à chaque révolution, revenir passer par un même point, celui même où l'explosion primitive a eu lieu.

Cérès, Junon et Pallas, trouvées en dehors de toute préoccupation théorique, satisfaisaient à ces conditions. Vesta vint offrir les premières divergences sérieuses. N'y a-t-il pas dans cette contradiction bizarre, de quoi faire réfléchir les esprits trop prompts à s'enthousiasmer et à prendre pour une vérité irréfutable les vues les plus ingénieuses de l'imagination?

Plus tard, les nombreuses découvertes faites dans la même zone achevèrent de discréditer une théorie d'ailleurs brillante. Quant à la loi de Titius et de Bode, elle n'y résista pas davantage, et la découverte de Neptune, dont la distance au Soleil est 300 au lieu de 388, lui porta le dernier coup.

A tout bien considérer, la non-confirmation de la théorie d'Olbers est heureuse pour la philosophie de la science. Plus le champ des observations scientifiques s'agrandit, plus il devient manifeste que la nature ne procède point par sauts brusques, mais par une série d'évolutions graduelles. Ce qui est vrai de la genèse des êtres animés l'est aussi des transformations géologiques, l'est sans doute encore de la formation des mondes. A ce point de vue, l'hypothèse de Laplace sur la genèse de notre monde planétaire, hypothèse sur laquelle nous reviendrons dans une causerie prochaine, nous semble ici bien autrement rationnelle que celle d'Olbers; elle explique avec une égale vraisemblance la formation des planètes principales, celle de leurs satellites et la formation. des anneaux d'astéroïdes. On sait que, selon l'illustre géomètre, le Soleil abandonna successivement des zones de matière gazeuse à peu près dans le plan de son équateur, au fur et à mesure de son refroidissement. C'est la condensation de ces anneaux de vapeur qui produisit peu à peu toutes les planètes. La faible inclinaison des orbites, les sens des mouvements de rotation et de translation, ces mouvements même, ceux des satellites des planètes, la fluidité primitive des uns et des autres, découlent naturellement de cette grandiose hypothèse. L'existence des anneaux de Saturne est comme un témoignage encore subsistant de ces évolutions.

Enfin, la lumière zodiacale, les anneaux d'aérolithes circulant dans le voisinage de l'orbite terrestre, les nombreuses petites planètes situées entre Mars et Jupiter, se rattachent aisément à cette commune origine. Il suffit d'imaginer qu'il y a eu, dans ces derniers anneaux, des centres d'attraction multiples, chacun de ces centres devenant par la suite le noyau d'une petite planète.

Mais revenons à nos astéroïdes.

En résumé, si la théorie d'Olbers n'a pu tenir devant les faits accumulés que je viens de passer en revue, il est néanmoins difficile de ne pas croire à la communauté de formation de tous ces petits corps, de ces échantillons de planètes en miniature, dont le nombre et la situation dans une même zone du ciel font, à coup sûr, l'une des particularités les plus curieuses et les plus originales du monde solaire.

Passons en revue quelques-unes des plus importantes.

Vesta est la plus brillante; elle apparaît, quand le ciel est bien pur, comme une étoile de cinquième à sixième grandeur, encore visible à l'œil nu. Sa lumière est d'un jaune pâle.

Elle accomplit sa révolution autour du Soleil, en trois ans et huit mois environ, à une distance moyenne de 90 millions de lieues de quatre kilomètres. Son diamètre est de 120 lieues.

On n'a pu constater, dans Vesta, aucune trace d'atmosphère.

Pallas a l'aspect d'une étoile de septième grandeur. Elle parcourt une orbite très-inclinée sur le plan de l'écliptique, et d'une excentricité considérable, en une période de quatre ans et sept mois et demi environ. Sa distance moyenne au Soleil est de 105 millions de lieues. La couleur de Pallas est jaunâtre, et la planète a paru à Schrœter comme environnée d'une nébulosité, qui accuserait l'existence d'une atmosphère. Ses dimensions ne sont pas bien connues. Les uns lui donnent 45 lieues de diamètre. D'autres vont jusqu'à 250 lieues et même 700 lieues.

Cérès parcourt en quatre ans et sept mois une orbite, dont l'excentricité est beaucoup moins considérable que celle de Pallas. On la croyait entourée d'une atmosphère très-dense et d'une étendue considérable; mais il paraît que, comme pour Pallas, la nébulosité dont il s'agit n'était qu'une apparence due aux effets de l'irradiation. Cérès a l'apparence d'une étoile rougeâtre de huitième grandeur environ. Les mesures micrométriques de son diamètre sont incertaines et lui assignent un diamètre réel compris entre 65 et 185 lieues, nombres fort divergents, comme on voit.

La couleur de Junon est également rougeâtre, mais l'intensité de sa lumière est fort variable; on la disait entourée d'une atmosphère fort épaisse. Sa distance moyenne au Soleil, un peu inférieure à celle de Cérès, ne dépasse guère 100 millions de lieues. Son orbite, fort excentrique, est parcourue par la planète dans une période de quatre ans et quatre mois.

On donne à son diamètre réel **une** longueur de 146 lieues.

Iris offre cette particularité, que son éclat a présenté des variations de grandeur qu'on ne peut attribuer à des variations de distance à la Terre. De là l'hypothèse que cette petite planète n'est pas ronde, et nous présente ainsi successivement, grâce à son mouvement de rotation, des faces de dimensions fort différentes. Il nous semble qu'on pourrait attribuer les mêmes phénomènes à des pouvoirs réflecteurs différents des diverses parties de sa surface.

Victoria et Pallas ont présenté de pareilles variations d'intensité.

Quant aux distances moyennes des petites planètes au Soleil et aux durées de leurs révolutions, — deux éléments liés, comme on sait, par les lois de Képler, — elles varient, d'une part, entre 2,145 et 3,452, la distance de la Terre au Soleil étant prise pour unité; d'autre part, entre mille cent quarante-sept jours et deux mille trois cent quarante-trois jours environ. En calculant la moyenne de toutes les distances, on obtient la moyenne distance de l'anneau lui-même, du moins tel qu'il est aujourd'hui connu; on trouve ainsi 2.6 à peu près.

Transformés en lieues de 4 kilomètres, les trois nombres qui précèdent donnent, pour la distance de Féronia, la plus rapprochée du Soleil, 81,500,000 lieues ; pour Maximiliana, la plus éloignée, 131,200,000 lieues ; et enfin, pour la distance moyenne de l'anneau lui-même, 99 millions de lieues.

Les formes de toutes ces orbites et leurs inclinaisons sur l'écliptique sont fort variables. Toutefois elles ont toutes une excentricité beaucoup plus considérable que celle de la Terre. Quant à la manière dont les orbites se croisent et s'entrelacent, elle est si compliquée que, d'après une remarque de M. d'Arrest, si l'on représentait toutes ces courbes sous la forme de cercles matériels et solides, on pourrait les soulever facilement tous ensemble, à l'aide de l'un d'entre eux.

Enfin l'intensité de la chaleur et de la lumière envoyées par le Soleil à ces astéroïdes varie avec leurs distances à l'astre central.

Tel est, en quelques lignes, le résumé des principales données que fournit l'observation sur l'anneau des petites planètes qui circulent autour du Soleil, entre Jupiter et Mars, et dont le nombre, encore inconnu, s'élève sans doute à plusieurs milliers de fois celui des astéroïdes connus. Je n'en dirai pas plus long sur les conjectures, d'ailleurs fort curieuses, émises relativement à leur origine ou à leur mode de formation. La raison de cette réserve est facile à comprendre, si l'on veut bien se reporter au but de ces causeries, but de vulgarisation, soit des connaissances positives et rigoureusement démontrées, soit des hypothèses probables de l'astronomie, — le mot *hypothèse* étant pris ici avec le sens indiqué dans une causerie précédente.

Mais nous voici parvenus, dans l'ordre de nos pérégrinations interplanétaires, au plus colossal des mondes de notre système, si l'on excepte, bien entendu, le Soleil lui-même : c'est Jupiter que nous allons explorer et décrire.

On sait déjà, par les détails que j'ai donnés sur la généralité des planètes, que le volume de Jupiter est plus de quatorze cents fois celui de la Terre. Son plus grand diamètre dépasse onze fois le diamètre terrestre ; il mesure près de 36.000 lieues de quatre kilomètres, de sorte que la circonférence correspondante est de 112,000 lieues.

Si les moyens de locomotion dont disposent les habitants de Jupiter ne sont pas plus rapides que les nôtres, il est à présumer que l'exploration de leur planète est bien imparfaite encore. Pour parcourir, de part et d'autre, d'un lieu donné, les deux demi-cercles qui forment le tour entier de ce monde gigantesque, ils doivent mettre au moins une dizaine

d'années. On comprend, du reste, que les conditions
de viabilité dépendent beaucoup de la distribution
des accidents du sol, de la répartition des continents
et des mers, et, en définitive, de la constitution des
habitants autant que de l'état climatérique de la
planète. Or on ne connaît rien ou presque rien de
tout cela; du moins, en est-on réduit aux conjectures.

Des bandes obscures, permanentes, ou ne variant
de position et de forme qu'à d'assez longs intervalles,
sillonnent le disque d'un blanc jaunâtre qu'offre
Jupiter, vu au télescope. Des points particuliers de
ces bandes ont prouvé, par leur mouvement périodique sur le disque et leurs disparitions et réapparitions successives, que Jupiter a un mouvement de
rotation sur lui-même, dirigé d'occident en orient,
c'est-à-dire dans le sens même de son mouvement de
révolution autour du Soleil. La durée entière d'une
de ces rotations est de neuf heures cinquante-cinq
minutes; ce qui dénote un mouvement angulaire
deux fois et demi aussi rapide que la rotation du globe
terrestre. Un point situé à l'équateur de Jupiter parcourt, en une minute, et par le seul fait de sa révolution
autour de l'axe, une distance d'environ 189 lieues.

En supposant que Jupiter ait été, comme la Terre,
primitivement fluide, le mouvement de rotation dont

il s'agit a dû avoir pour effet d'aplatir le globe aux deux pôles de l'axe du mouvement, ou, ce qui revient au même, de le renfler dans les parties voisines de son équateur. Des mesures précises ont en effet constaté l'existence de cet aplatissement, qui est beaucoup plus considérable que l'aplatissement de la Terre, puisqu'on l'évalue à un quatorzième. Cela revient à dire, qu'il y a entre le diamètre le plus petit, celui qui aboutit aux pôles, et le diamètre le plus grand, celui de l'équateur, une différence qui équivaut à la quatorzième partie du second de ces diamètres.

La variation des saisons dans Jupiter est très-faible; il en est de même de la différence de durée du jour et de la nuit. Les plus longs jours y sont de cinq heures : ce qui ne dépasse guère la moitié de la durée du jour astronomique ou de la rotation entière. Ces deux faits tiennent au peu d'inclinaison du plan de l'orbite sur le plan de l'équateur de la planète. L'axe de rotation est presque perpendiculaire au premier de ces plans, de sorte que, pour l'horizon d'un lieu quelconque, le Soleil est presque toujours, dans l'intervalle d'une révolution sidérale, à la même hauteur apparente.

En outre, les saisons y ont une longueur environ douze fois plus grande que sur la Terre; c'est en effet en onze ans, dix mois et dix-huit jours à peu pres, que Jupiter accomplit sa révolution sidérale autour du foyer de notre commun système. Il s'en éloigne, dans son mouvement de translation, de 207 millions de lieues, et s'en rapproche jusqu'à 188 millions. C'est en moyenne, ainsi qu'on l'a vu plus haut, à propos de la loi empirique de Titius, un peu plus de cinq fois la distance de la Terre au Soleil.

L'immense courbe, de 1 milliard 250 millions de lieues, que parcourt ainsi Jupiter est, comme toutes les trajectoires planétaires, une ellipse dont l'excentricité est trois fois plus considérable que l'orbite terrestre et qui, par conséquent, est de forme plus allongée, plus ovale que cette dernière.

A la distance considérable où Jupiter se trouve du Soleil, l'intensité de la lumière et de la chaleur que ce dernier astre lui envoie n'est plus qu'une faible fraction de celle dont bénéficie la Terre; mais il ne faut pas se hâter d'en conclure que la température effective des saisons de Jupiter est réduite dans une aussi grande proportion : j'ai déjà fait observer, dans une circonstance analogue, que la température dépendait d'une série d'autres conditions physiques, encore inconnues pour Jupiter.

Néanmoins, on a de fortes raisons de croire que ce globe immense est pourvu d'une enveloppe atmosphérique. C'est ainsi qu'on explique la variation de certaines taches observées sur le disque, variation qui a d'abord entraîné quelque incertitude dans la mesure de la durée du mouvement rotatoire. Les bandes obscures sont regardées comme des parties plus sereines de l'atmosphère, à travers lesquelles on aperçoit le sol même, tandis que les parties brillantes sont considérées comme d'immenses couches nuageuses divisées en bandes, près de l'équateur, par la rapidité du mouvement de rotation. On en conclut l'existence de vents équatoriaux et réguliers, analogues aux vents alisés qui soufflent à la surface de notre globe.

Jupiter n'est point, comme Mars, Vénus ou Mercure, une planète qui voyage isolée dans l'espace, sans relation plus intime avec d'autres corps planétaires. Il entraîne avec lui tout un monde, composé, outre son propre globe, de quatre satellites d'assez fortes dimensions, qui circulent autour de lui, maîtrisés par son énergie attractive.

Le monde de Jupiter obéit, dans les mouvements particuliers de tous ces corps, aux lois de Képler, conséquences de la force de gravitation ; l'observation a donné depuis longtemps et ne cesse de donner de ce fait la confirmation la plus positive. Aussi a-t-il été permis de connaître avec une grande approximation la masse de la planète centrale, masse qui, mille cinquante fois plus faible que celle du Soleil, vaut encore trois cent trente-huit fois celle de la Terre.

Vu à l'œil nu, Jupiter brille de l'éclat d'une étoile de première grandeur, presque aussi vive que Vénus. On affirme que sa lumière est quelquefois assez forte pour donner des ombres sensibles aux objets éclairés par la seule lumière des étoiles, phénomène bien constaté pour Vénus, mais moins certain pour Jupiter lui-même.

Si l'on emploie, pour regarder Jupiter, une lunette d'un grossissement d'ailleurs assez faible, il apparaît sous la forme d'un disque à peu près circulaire, accompagné de deux, trois ou quatre petites étoiles, selon l'époque de l'observation; ces petits astres rangés de part et d'autre à peu près en ligne droite, à des distances inégales de Jupiter, sont les satellites de la planète. De temps à autre, l'un d'eux disparaît, soit derrière le disque, soit à une certaine distance de son contour, pour reparaître quelque temps après. Dans le premier cas, c'est une occultation simple; dans le second cas, c'est une véritable éclipse, produite par l'immersion du satellite dans le cône d'ombre que Jupiter projette derrière lui. Il arrive même qu'après avoir pénétré dans ce cône, le satellite reparaît du même côté du disque, phénomène qui dépend de la situation relative de l'observateur, c'est-à-dire de la Terre, de Jupiter et du Soleil.

Dans d'autres cas, c'est-à-dire dans la période opposée du mouvement des satellites, on voit des points brillants traverser le disque de la planète, accompagnés de points noirs, d'une forme bien nette et bien ronde, qui ne sont autre chose que les ombres projetées de ces corps. Il est évident qu'il y a alors, pour tous les lieux parcourus par ces ombres, éclipse totale de Soleil sur Jupiter.

Les satellites varient de grandeur et d'éclat d'une façon régulière, et l'on a pu en conclure qu'ils sont parsemés de taches d'inégale intensité, et qu'ils tournent sur eux-mêmes, comme le fait la Lune autour de la Terre, de manière à montrer toujours la même face à la planète.

Il paraît certain que ces petits astres, bien qu'éclairés par le Soleil, réfléchissent des couleurs différentes, qui varient du blanc au blanc bleuâtre et à l'orangé.

Leurs dimensions ne laissent pas que d'être assez considérables; elles surpassent, à l'exception du plus petit, celles de notre Lune, ainsi qu'on peut s'en convaincre par les longueurs suivantes des diamètres, rangés suivant l'ordre des distances à la planète : 1,020 lieues, 860 lieues, 1,500 lieues, 1,050 lieues.

Leurs distances moyennes au centre de Jupiter sont de 108,000 lieues pour le satellite le plus voisin, de 342,000 pour le second, de 550,000 pour le suivant, de 940,000 enfin pour le plus éloigné de tous. Cette dernière distance est environ dix fois celle qui nous sépare de notre Lune.

Mais la rapidité de leurs mouvements contraste plus encore avec celui de notre satellite. Tandis que la Lune met vingt-sept jours à effectuer sa révolution, les satellites de Jupiter exécutent respectivement les leurs, en un jour trois quarts, en trois jours et demi, en sept jours trois heures, et enfin en seize jours et seize heures.

Je laisse au lecteur le soin d'imaginer la variété des phénomènes dont les satellites sont l'occasion pour les habitants de Jupiter : les éclipses fréquentes soit des satellites, soit du Soleil; leurs rapides mouvements; les diverses nuances dont brille leur lumière; leur présence simultanée dans le ciel, ou leur complète disparition.

Dans la première partie de notre description du système solaire, nous avons été surtout frappés de la constance et de la généralité des grandes lois qui régissent tous ces mondes; petits et grands. Ce n'est qu'en faisant abstraction de toutes les différences, de tous les contrastes qu'on voit apparaître l'unité, pleine de grandeur, des phénomènes célestes. Maintenant, au contraire, nous insistons sur tout ce qui distingue et différencie; et vous pouvez voir que nous trouvons matière, matière non moins abondante, à admirer l'étonnante variété des configurations, des constitutions physiques des différentes planètes et de leurs systèmes.

En quittant le monde de Jupiter, pour visiter celui de Saturne, nous aurons lieu de nous étonner encore à la vue de phénomènes tout nouveaux, qui font de cette planète une des plus curieuses de notre monde solaire.

DIX-HUITIÈME CAUSERIE

—

Le monde de Saturne. — Anneaux et satellites. — Mouvements,
distances, dimensions de Saturne. — Équilibre du système. —
Les mondes d'Uranus et de Neptune.

A une distance moyenne de 362 millions de lieues
du foyer de notre système solaire, c'est-à-dire à plus
de neuf fois la distance qui nous sépare du Soleil, cir-
cule, dans une période d'environ trente années, un
globe dont la grosseur vaut sept cent trente-cinq fois
celle de la Terre. Il nous apparaît à l'œil nu comme
une étoile de première grandeur, dépourvue de scintillation et animée d'un mouvement propre très-
lent.

Prenez une lunette d'un grossissement moyen,
vous verrez alors l'étoile dont je parle sous la forme
d'un disque de couleur blanche, d'une teinte un
peu plombée, entouré de deux appendices de forme
particulière. Avec un grossissement plus considérable,

ces appendices auront tout l'aspect des parties extrêmes d'un corps annulaire vu en perspective, et qui entoure le globe central sans le toucher. Huit petites étoiles, inégalement éloignées, situées de part et d'autre du disque, l'accompagnent incessamment en se mouvant d'occident en orient, sans jamais dépasser certaines limites de distance.

C'est, comme on voit, tout un monde, entraîné lui-même dans son ensemble autour du Soleil. La courbe qu'il décrit dans la période de vingt-neuf ans et cinq mois et demi est, comme toutes les orbites planétaires, une ellipse ayant le Soleil à l'un de ses foyers. L'allongement de cette courbe, mesurée par l'élément que nous avons déjà plusieurs fois appelé du nom d'excentricité, est tel, que la différence entre la plus courte et la plus grande distance au Soleil est d'à peu près 40,600,000 lieues.

Tel est le monde de Saturne, c'est-à-dire de la plus importante des planètes du système solaire, après Jupiter, si l'on considère les volumes, et la plus curieuse de toutes, si l'on a en vue l'étrange et unique système de ses anneaux satellites.

On vient de voir quel est le volume de Saturne comparé à celui de la Terre : il en résulte que son diamètre réel est plus de neuf fois celui de notre globe, ce qui lui donne une dimension de 14,350 lieues de quatre kilomètres.

Mais cette planète ne reçoit guère plus de la centième partie des quantités de lumière et de chaleu envoyées par le Soleil à la Terre; comme tout fait croire qu'elle est entourée d'une atmosphère, il est fort possible que les propriétés physiques particulières de cette atmosphère compensent l'infériorité dont je viens de parler : la science ne sait encore rien à cet égard.

Ce qu'on peut affirmer, c'est que la lumière de Saturne ne lui est pas propre : il suffit, pour se convaincre de cette vérité, que l'analogie seule eût engagé à admettre, d'observer, dans certaines positions de la planète, l'ombre projetée par l'anneau sur le disque. De même, l'ombre que le globe de Saturne projette derrière lui obscurcit la partie postérieure visible de l'anneau, et démontre ainsi que l'anneau n'est pas non plus lumineux par lui-même.

Les mouvements des satellites ont permis, par la méthode que j'ai essayé plus haut de faire comprendre, de calculer la masse de Saturne et, par suite, sa densité. Trois mille cinq cents globes, d'un poids égal au sien, équilibreraient dans une balance le poids du Soleil; cela revient à dire que la masse de Saturne vaut cent et une fois la masse du globe terrestre; la densité moyenne de sa substance, comparée à celle de la Terre, est donc un peu plus du dixième.

Saturne est connu de toute antiquité; mais il n'y a guère que deux cent cinquante ans que son anneau fut aperçu pour la première fois par Galilée, grâce à la récente invention des lunettes. Mais le pouvoir grossissant de ces instruments était encore si faible, que l'illustre observateur ne put comprendre ce que pouvaient être les appendices lumineux dont l'image venait confusément se joindre, de chaque côté du disque de Saturne, au foyer de sa lunette. Saturne lui semblait tricorps ou composé de trois étoiles : « Lorsque j'observe Saturne, dit-il dans une lettre que nous empruntons à l'*Astronomie populaire*, avec une lunette d'un pouvoir amplificatif de plus de trente fois, l'étoile centrale paraît la plus grande; les deux autres, situées, l'une à l'orient, l'autre à l'occident, et sur une ligne qui ne coïncide pas avec la direction du zodiaque, semblent la toucher. Ce sont comme deux serviteurs qui aident le vieux Saturne à faire son chemin et restent toujours à ses côtés. Avec une lunette de moindre grossissement, l'étoile paraît allongée et de la forme d'une olive. »

C'est Huyghens qui, cinquante ans plus tard, découvrit la vérité, reconnut que le globe de Saturne èst réellement entouré d'un anneau plat et d'une mince épaisseur, lequel n'adhérait d'aucun côté au corps de la planète.

Voici la description sommaire de ce merveilleux appendice :

Qu'on imagine un corps annulaire, de forme circulaire, plat et mince, entourant le sphéroïde de manière que son plan passe par le centre de la planète. Le contour extérieur de cet anneau est situé à une distance du centre de Saturne qu'on peut évaluer à 36,000 lieues environ, ce qui indique une distance de plus de 20,000 lieues de la surface du globe lui-même. Le contour intérieur est éloigné de cette surface de plus de 9,000 lieues ; d'où il est facile de conclure la largeur de l'anneau, largeur égale à plus de 11,800 lieues. Enfin son épaisseur est moindre de cent lieues.

En observant plus attentivement la surface plane du curieux appendice dont on vient de voir les dimensions, les astronomes se sont d'abord convaincus qu'il était double ; un trait noir intérieur et également de forme circulaire indiquait entre les deux anneaux un intervalle obscur : c'est le ciel qu'on aperçut ainsi au travers du vide qui les sépare. La largeur de ce vide est de plus de 700 lieues. L'éclat lumineux des deux anneaux n'est pas le même

c'est celui de l'anneau extérieur qui est le plus intense.

Depuis, il est certain que d'autres lignes de séparation ont été observées, de manière que l'anneau
serait triple, quadruple et même quintuple? Ce qui
est hors de doute, c'est qu'entre la planète et le premier anneau intérieur, un anneau est en voie de formation. Moins brillant, moins lumineux que les trois
ou quatre autres, il paraît transparent et par suite
gazeux, tandis qu'il paraît plus probable que ces derniers sont solides ou au moins liquides.

Tout porte à croire qu'un pareil système est animé
d'un mouvement continu de rotation autour du
centre de Saturne. D'anciennes observations ont permis de constater pour ce mouvement une durée de
dix heures et demie, précisément la durée de la rotation de la planète sur son axe ; mais depuis on n'a
pu rien voir.

Toutefois, la théorie indique que l'équilibre d'un
tel système serait instable, s'il était immobile. En
effet, dans cette dernière hypothèse, l'attraction des
corps célestes voisins, notamment celle du colossal
Jupiter, rompant l'équilibre, eût déjà précipité l'anneau sur le corps de la planète, en le réduisant en
morceaux. Laplace, appliquant le calcul à cet intéressant problème, a déterminé la durée théorique de

la rotation de l'anneau : il a trouvé ainsi dix heures
et un quart, ou, à très-peu près, la durée primitivement déduite de l'observation.

Le mouvement rotatoire de l'anneau a donc une
grande probabilité.

Qu'on cherche à se représenter maintenant le curieux et grandiose spectacle que doit offrir aux habitants de Saturne ce triple anneau suspendu dans les
airs, ce pont gigantesque tour à tour éclairé ou plongé
dans l'ombre, et dont la distance à la surface n'est
guère que le dixième de celle qui sépare la Lune de
la Terre. Ce n'est pas tout : huit satellites tournent
incessamment, à des distances inégales autour de
Saturne, lui présentant leurs phases variées, leurs
éclipses fréquentes, tantôt éclairant les nuits de leurs
lumières combinées, tantôt disparaissant pour les
laisser dans l'obscurité. Les éclipses de Soleil, produites soit par l'interposition des satellites, soit par
l'anneau lui-même, ajoutent encore à la variété de
ces nombreux phénomènes.

Comme Saturne tourne lui-même sur son axe en
dix heures et seize minutes, et que l'inclinaison du
plan de son équateur avec le plan de son orbite est
assez considérable, il en résulte une différence assez
grande entre les durées comparatives du jour et de
la nuit aux différentes saisons. Son année est aussi,

17

comme on l'a vu, relativement fort longue, et les quatre saisons qui se partagent cette durée de près de trente révolutions terrestres, ne sont pas d'une longueur moins considérable, si on les compare à cet égard à nos propres saisons.

Le globe de Saturne est aplati : la différence entre son diamètre équatorial et son diamètre polaire est la dixième partie du premier, quantité fort grande, qui s'explique par la rapidité du mouvement de rotation.

Pour en finir avec les intéressants détails que présente le monde de Saturne, il reste à signaler les taches dont son disque est parsemé ; taches de forme analogue à celle des bandes de Jupiter, les unes obscures, les autres brillantes et très-variables d'éclat. Il est impossible de ne pas conclure de l'observation de ces taches qu'elles sont dues à des phénomènes atmosphériques. Vers les pôles, on a constaté, comme pour Mars, l'apparition et la disparition successives de taches blanchâtres, dues probablement à l'invasion des neiges ou des glaces.

Les satellites de Saturne sont plus petits que ceux de Jupiter. Comme ces derniers, et comme la Lune, en même temps qu'ils tournent autour de la planète, ils exécutent sur eux-mêmes une rotation de même durée que leur révolution. De sorte qu'un caractère

commun aux satellites de toutes les planètes semble
être de présenter toujours la même face au corps
planétaire central.

Les temps des révolutions des huit lunes de Saturne
varient entre vingt-deux heures trente-sept minutes,
et soixante-dix-neuf jours sept heures cinquante-trois .
minutes. Leurs distances au centre de Saturne, qui
d'ailleurs sont liées aux durées des révolutions par
la troisième loi de Képler, varient elles-mêmes de
48,000 à 920 millions de lieues.

Comme l'anneau de Saturne se présente à nous
suivant diverses inclinaisons, en raison des situations relatives de Saturne et de la Terre, il arrive
une époque où son plan venant à passer par la Terre
même, on ne peut plus le voir que par sa tranche.
D'où il résulte qu'à moins des grossissements les
plus puissants, l'anneau est invisible. Alors plusieurs
des satellites, dont l'orbite coïncide à fort peu près
avec ce plan même, paraissent, selon l'expression
pittoresque d'Arago, « des grains de chapelet, brillants et mobiles. »

A mesure que nous nous enfonçons dans les profondeurs du système solaire, les particularités physiques des mondes que nous trouvons sur notre route
deviennent plus difficiles à saisir; les observations

sont de plus en plus incertaines, les résultats numériques qu'elles donnent varient de plus en plus suivant les observateurs, ou même selon les instruments dont ils étaient pourvus.

Mais un degré de certitude qui reste permanent, c'est celui qui est relatif aux mouvements de ces corps si éloignés de notre globe terrestre. A ces distances immenses, les rapports indiqués par les grandes lois de la mécanique céleste subsistent dans leur rigueur : caractère admirable qui témoigne hautement de la majestueuse beauté de ces lois. Comme nous l'avons remarqué déjà, les irrégularités, quand il en existe, les perturbations de ces mouvements, bien loin d'être en contradiction avec les lois mêmes, en sont la confirmation la plus éclatante; bien loin de nuire aux progrès de la science, ces perturbations ont servi à reculer les bornes des connaissances astronomiques en permettant d'accroître, par un prodigieux effort de calcul, le nombre des corps célestes qui gravitent, autour de notre Soleil.

Notre voyage touche à sa fin : du monde de Saturne nous allons nous élancer sur ceux d'Uranus et de Neptune, les deux dernières planètes connues du monde solaire, deux conquêtes de l'astronomie moderne.

Vu de la Terre, Uranus n'apparaît plus guère que comme une étoile de sixième grandeur, quelquefois 'nvisible, plus rarement visible à l'œil nu. Et cependant son diamètre a encore une dimension de 13,783 lieues, c'est-à-dire plus de quatre fois celui de la Terre; son volume vaut quatre-vingt-deux fois le volume du globe terrestre.

Mais ce qui explique la petitesse de son diamètre apparent, c'est l'énorme distance qui moyennement nous en sépare, distance qui dépasse 750 millions de lieues, deux fois environ celle à laquelle nous sommes de Saturne.

omme Jupiter, comme Saturne, et pour les mêmes raisons, Uranus n'offre aucune apparence de phases. Son orbite nous enveloppe à une telle distance que la face qui regarde la Terre est toujours la face éclairée. Le mouvement propre d'Uranus, c'est-à-dire son déplacement parmi les étoiles, indice de son mouvement de translation autour du Soleil, est extrêmement lent; et cela devient facile à comprendre, quand on sait que la durée de sa révolution sidérale est de trente mille six cent quatre-vingt-sept jours terrestres, ou environ quatre-vingt-quatre ans [1].

---

1. Depuis qu'Uranus est connu, il n'a point encore accompli une révolution entière autour du Soleil.

Sa masse est évaluée à environ la vingt-quatre
millième partie de celle du Soleil, nombre à peu près
quinze fois supérieur à celui qui mesure la masse de
la Terre. Quant à sa densité, elle est un peu moindre
du cinquième de la densité de notre globe.

Tels sont les éléments, en petit nombre comme on
voit, dont la science est en possession et qui caractérisent la planète Uranus.

Tourne-t elle sur elle-même ? C'est probable, et
l'analogie est, à ce point de vue, si forte qu'elle a
tous les caractères d'une loi. On a cru reconnaître
dans son disque un aplatissement sensible, mais la
mesure en est trop incertaine, et je m'abstiens de la
donner. Si cet aplatissement était bien constaté,
serait une preuve puissante à l'appui du mouvement
de rotation.

Uranus, comme toutes les grosses planètes de notre
monde, est entouré de satellites. Le nombre en a été
porté jusqu'à huit. Mais il faut avouer que plusieurs
n'ont été aperçus qu'une fois. Ce n'est certes pas une
preuve de leur non-existence ; mais, à notre avis, le
doute est ici fort légitime. Il en est de même du sens
de leur rotation, qui est considéré comme rétrograde,
c'est-à-dire comme inverse de tous les mouvements
connus, tant des satellites que des planètes principales. Comme les orbites des satellites d'Uranus sont

presque perpendiculaires au plan de l'écliptique, il est assez difficile de juger du sens précis du mouvement.

Quant à la constitution physique de ce monde lointain, il est difficile d'en rien présumer. Tout ce qu'on peut dire, c'est que la lumière et la chaleur du Soleil arrivent à Uranus avec un affaiblissement considérable, c'est-à-dire avec une intensité qui est tout au plus les trois millièmes de celle qui est propre à la Terre.

Uranus n'était pas connu des anciens. Sa découverte date du mois de mars 1781. On fut quelque temps à le reconnaître pour une planète, assimilé qu'il était d'abord à une comète. Des observations et des calculs plus précis le rangèrent décidément au nombre des corps sphéroïdaux qui exécutent leurs mouvements autour du Soleil, suivant des lois dont la description a été donnée dans les causeries précédentes.

Neptune est de découverte beaucoup plus récente. Il a été vu, pour la première fois, par un astronome de Berlin, au mois de septembre 1846. Mais le mode de découverte de Neptune diffère d'une manière si essentielle de celui qu'emploient les habiles chercheurs des astres errants, qu'il me semble à la

fois instructif et curieux de chercher à faire comprendre cette différence.

La découverte d'Uranus, celle des planètes Cérès,
Junon et Pallas, ont été le résultat de l'observation
attentive du mouvement propre de ces astres sur le
champ étoilé du ciel. La comparaison de la situation
relative des points lumineux qu'offre le champ d'un
télescope, braqué vers un point du ciel, avec la
partie correspondante d'une carte céleste exactement
tracée, peut suffire, à la rigueur, à la découverte
d'une planète. En effet, les étoiles, dont la distance
pour ainsi dire infinie enseigne qu'elles sont étrangères à notre monde planétaire, conservent, à cause
de cette distance, des positions relatives qui ne varient que d'une manière insensible; tandis qu'une
planète dont la distance au Soleil, et par suite à la
Terre, est considérablement moins grande, se mouvant réellement dans son orbite, se déplace constamment et d'une manière sensible sur la voûte céleste.
Or, l'observation de ce déplacement n'exige qu'une
patiente étude de certaines parties du ciel, et la comparaison incessante de l'aspect qu'elles offrent, avec
les cartes d'étoiles.

Comme une planète, dans sa révolution entière
autour du Soleil, coupe deux fois le plan de l'écliptique, il suffit, à vrai dire, pour la recherche des

nouvelles planètes, de faire la revue des portions du ciel qui environnent la trace de ce plan. Aussi a-t-on construit avec une grande précision des cartes qui donnent la position des étoiles de toutes grandeurs dans le voisinage de l'écliptique, et c'est de ces cartes que les astronomes font usage pour la découverte des astres nouveaux du système solaire.

Tel n'a pas été le mode de découverte de Neptune. L'existence de cette planète n'a pas été constatée d'abord par l'observation, mais prédite par le calcul, déduite des théories, déterminée dans sa position et ses éléments au moyen d'une série de travaux effectués dans le silence du cabinet. La planète Uranus était affectée, dans son mouvement périodique, de perturbations qu'on ne pouvait attribuer à l'influence des planètes connues, de Saturne et de Jupiter. On en vint bientôt à comprendre la nécessité, pour expliquer ce défaut de concordance de la théorie et de l'observation, d'admettre l'existence d'une planète troublante inconnue. Mais entre cette hypothèse et la réalisation d'une telle prédiction, il y avait loin encore. La gloire du travail revient donc presque entière à l'astronome français qui, se mettant résolûment à l'œuvre, entreprit et mena à bonne fin ce travail hérissé de difficultés et de calculs longs et pénibles. C'est sur les indications de la théorie, publiées dans le courant de 1846, que, cherchant la planète inconnue dans la région du ciel calculé, on la découvrit sous l'aspect d'une étoile de huitième grandeur.

Neptune se meut avec une grande lenteur dans une orbite dont le rayon moyen ou la distance au foyer solaire est de 1,141,520,000 lieues. Cette courbe immense, la dernière trajectoire connue des planètes du système, offre donc un développement de plus de 7 milliards 172 millions de lieues. Cela fait une vitesse moyenne d'environ 5,000 lieues par heure[1].

La durée de la révolution de Neptune est, en effet, de soixante mille cent vingt-six jours ou de cent soixante-quatre ans et deux cent soixante-six jours.

Il y a une différence de 20 millions de lieues entre la plus grande et la plus petite distance de cette planète au Soleil : différence assez considérable en valeur absolue, mais qui n'indique toutefois qu'une faible excentricité, moitié moindre environ que celle

1. Voici un tableau qui permet de comparer, non les vitesses angulaires, mais les vitesses réelles des principales planètes dans leurs orbites. Il donne le nombre moyen de lieues de quatre kilomètres parcourues par chacune, en une heure de temps :

	Lieues.		Lieues.
Mercure	44,170	Jupiter	12,025
Vénus	32,250	Saturne	8,875
La Terre	27,500	Uranus	6,250
Mars	22,250	Neptune	5,000

de l'orbite terrestre. La courbe décrite par Neptune approche donc beaucoup d'un cercle.

Le volume de cette planète est cent dix fois environ celui de la Terre, et son diamètre vaut près de cinq fois celui de notre globe. En l'évaluant en lieues de quatre kilomètres, on trouve environ 15,000 lieues, ce qui donne à sa circonférence une longueur approximative de 48,000 lieues. La densité de Neptune est un peu plus des deux dixièmes de celle de la Terre, prise pour terme de comparaison, et sa masse est à peu près évaluée à la quinze-millième partie de la masse solaire.

Neptune est accompagné d'un satellite [1] qui accomplit en près de six jours sa révolution autour de la planète centrale.

Que peut-on dire maintenant de sa constitution physique? Rien encore; l'immense distance à laquelle se meut Neptune, et le peu de temps qui s'est écoulé depuis sa découverte, n'ont permis de faire encore aucune observation qui puisse conduire à des conjectures probables sur la constitution de cet astre. On sait seulement qu'à raison de cette énorme distance, la chaleur et la lumière solaire y arrivent extrêmement affaiblies, de sorte que leur intensité n'est plus

1. On a, dit-on, aperçu un second satellite ; mais, comme il n'a pas été revu, son existence est encore problématique.

que la millième partie de celle qui échoit en partage
à la Terre.

On a soupçonné que Neptune est entouré d'un
anneau. Mais il paraît que les observations qui ont
donné lieu à cette hypothèse étaient entachées d'une
illusion d'optique; de sorte qu'avant de se prononcer
définitivement sur cette circonstance, il est au moins
prudent d'attendre des observations nouvelles. Même
chose avait été dite d'Uranus, mais le fait ne s'est pas
davantage vérifié.

Nous voici arrivés au terme de notre voyage. Le
monde planétaire a été exploré par nous dans tous
ses détails, depuis le foyer de chaleur, de lumière et
de vie, qui est notre Soleil, jusqu'aux plus lointaines
régions, où son énergie attractive maîtrise les corps
célestes qui gravitent autour de lui.

Nous avons passé successivement de la chaleur la
plus excessive aux froids que l'immense éloignement
laisse supposer vers les extrémités de notre système,
parcourant ainsi les mondes les plus variés de grosseur, de mouvements, de constitution physique;
ceux-ci voyageant solitaires dans leur orbite, ceux-là
accompagnés d'un ou de plusieurs satellites; cet autre,
roulant dans l'espace avec son globe immense, un
anneau gigantesque, huit satellites, dont le système

présente à lui seul un développement de 2 millions de lieues.

Il semble, en comparant les divers éléments de ces planètes, qu'on peut les partager en deux groupes distincts, séparés entre eux par un anneau de petits astres voyageant dans une zone peu étendue. D'une part, Mercure, Vénus, la Terre et Mars, de dimensions moyennes et peu inégales, animées de mouvements de rotation presque identiques en durée, forment le premier de ces groupes. D'autre part, Jupiter, Saturne, Uranus et Neptune, planètes gigantesques animées de mouvements de rotation rapides, accompagnées de nombreux satellites, forment à eux seuls une masse qui équivaut à la sept cent cinquantième partie de la masse solaire, et qui est deux cent vingt-six fois plus considérable que les masses réunies du premier groupe.

Chacun de ces groupes peut-il être considéré comme provenant d'une formation particulière? On ne sait. Il m'a semblé intéressant toutefois de faire ce rapprochement, qui ajoute quelque chose encore à l'harmonie du système, et dont la théorie donnera peut-être un jour une explication rationnelle.

Si notre voyage interplanétaire est terminé, il nous reste encore, pour avoir une idée complète de notre monde, à passer en revue une nouvelle série d'astres

assez étranges, qui appartiennent, en grande partie
du moins, au système dont notre Terre fait partie, et
qui se distinguent, par des phénomènes particuliers,
des planètes elles-mêmes. Je veux parler des comètes.

C'est donc aux comètes que je consacrerai la causerie suivante, me réservant, pour un vingtième et
dernier entretien, de tracer l'exposé rapide d'une
grande hypothèse, formulée par le génie le plus positif et le plus élevé à la fois des astronomes qui ont
immédiatement précédé l'époque contemporaine.

DIX-NEUVIÈME CAUSERIE

Si le Soleil, la Lune, les éclipses ont donné lieu à une foule de commentaires extravagants ; si les astrologues et autres amateurs du merveilleux, plus communs qu'on ne le croit encore en notre siècle de lumières, se sont évertués à épuiser leur imagination dans les conceptions les plus excentriques, relatives aux phénomènes planétaires, il en a été bien autrement encore des comètes. Les modernes, à cet égard, ne nous semblent pas être restés au-dessous des anciens.

Comme le but de ces entretiens n'est pas de faire l'histoire des erreurs et des préjugés, mais, tant

bien que mal, celle de la science, je laisserai de côté
et le récit des terreurs engendrées par l'apparition
des comètes, des superstitions que fit naître leur aspect
étrange, et celui des explications plus ou moins
entachées d'inconséquences qu'on a prétendu donner
de leur intime constitution. Bien que la science actuelle
soit remplie encore de doutes nombreux sur
diverses questions relatives à ces astres nébuleux,
elle connaît toutefois assez de choses précises à leur
égard, pour fournir la matière d'une description intéressante ;
je me bornerai donc à dire ce qu'on sait.
Tout au plus présenterai-je les hypothèses jusqu'ici
les plus probables, en ayant soin de les donner comme
telles.

Nous ne sommes plus au temps où les comètes
étaient regardées comme des météores dont la sphère
ne sortait pas de l'air qui nous entoure ; ce ne sont
plus des feux passagers, des exhalaisons grossières
enflammées. Ce sont désormais — les calculs et les
observations l'ont depuis longtemps démontré — de
véritables astres qui se meuvent suivant des lois régulières,
bien que ces astres se distinguent essentiellement
des planètes et des soleils.

Au premier abord, et par l'aspect seul, est-il possible
de les distinguer des planètes? Oui, en général :
voici à quels caractères.

Le plus ordinairement, une comète se compose d'une sorte d'étoile plus ou moins lumineuse : c'est cette partie que les astronomes ont coutume d'appeler le *noyau*. Une enveloppe d'apparence nébuleuse, plus ou moins étendue, entoure le noyau et forme la *chevelure*. De là le nom de comète qui, en grec, signifie, comme on sait, *chevelue*. Enfin une traînée de lumière accompagne ordinairement la tête de la comète, et bien que cette traînée, tantôt précède, tantôt suive le noyau lumineux, elle n'en a pas moins reçu en Europe le nom de *queue*. Les Chinois, peuple positif, dit-on, et utilitaire, lui ont donné le nom de *balai* : les comètes sont pour eux les balayeuses du ciel. Pour un lieu que les poëtes considèrent comme le symbole de la pureté, on conviendra que c'est tout au moins fort prosaïque.

Tels sont les caractères extérieurs qui servent à distinguer les comètes des autres astres. Mais ces caractères sont-ils essentiels ? Non, sans doute. Ainsi, par exemple, un grand nombre de comètes sont privées de l'appendice lumineux auquel on les reconnaît vulgairement. D'autres ont plusieurs queues. Enfin un assez grand nombre de comètes n'ont pas de noyau lumineux. La tête se compose alors seulement d'une nébulosité, le plus souvent de forme circulaire.

Il importe donc d'ajouter, aux distinctions qui

précèdent, celles qu'on peut appeler astronomiques et qui caractérisent les mouvements de ces astres.

Les comètes, celles du moins qui atteignent la sphère de visibilité relative à la Terre, ont aussi le Soleil pour foyer de leurs mouvements. Les courbes qu'elles décrivent autour de notre étoile centrale sont toujours des ellipses, mais des ellipses extraordinairement allongées. Il en résulte que les comètes ne sont visibles pour nous que dans la partie de leur trajectoire la plus voisine du Soleil, un peu avant et un peu après le moment de leur périhélie [1].

Il est, en géométrie, une courbe dont le sommet ressemble approximativement à celui d'une ellipse, mais dont les deux branches, au lieu d'aller se rejoindre et, en se refermant, de former l'ellipse, s'éloignent indéfiniment. On nomme cette courbe une *parabole*. Eh bien, la plupart des ellipses cométaires sont si allongées que dans le voisinage de leur sommet ou périhélie, elles se confondent avec un arc de parabole [2].

---

1. Périhélie, des deux mots grecs *péri*, auprès, et *hélios*, Soleil. Aphélie, au contraire, des deux mots *apo*, loin de, et *hélios*, Soleil. La périhélie et l'aphélie — je crois l'avoir déjà dit — sont les points extrêmes du grand axe de l'orbite des planètes et des comètes.

2. Les orbites de deux ou trois comètes sont regardées comme *hyperboliques*. L'hyperbole est une courbe à branches infinies, mais dont la forme s'éloigne de la parabole.

Ainsi les comètes se distinguent des planètes par cette première différence : elles ont une excentricité considérable ; la plupart du temps, cet élément paraît avoir une valeur infinie.

En second lieu, il arrive souvent que le sens du mouvement des comètes sur leurs orbites, au lieu d'être dirigé d'occident en orient, l'est au contraire d'orient en occident ; c'est dire qu'il est rétrograde ; or, cette circonstance ne se présente pour aucune planète, ni en général pour leurs satellites. Sur cent quatre-vingt-dix-sept comètes, dont le catalogue est sous nos yeux, quatre-vingt-dix-huit ont un mouvement rétrograde, quatre-vingt-dix-neuf, un mouvement direct.

Enfin, l'inclinaison du plan de l'orbite d'une comète sur celui de l'écliptique est en général fort variable. Beaucoup approchent d'être perpendiculaires, circonstance que les planètes ne présentent jamais.

Le nombre des comètes est très-considérable. Il ne se passe guère d'année que les astronomes n'en découvrent plusieurs nouvelles. Mais il est vrai de dire que la plupart de ces astres sont invisibles à l'œil nu, ce qui les a fait nommer *télescopiques*. Le public ne se préoccupant guère que de celles dont l'aspect l'étonne soit par un grand éclat, soit par la dimension quelquefois considérable de la queue, il s'ensuit que pour lui les comètes sont assez rares. Et comme l'apparition de la plupart des comètes est imprévue, — on verra pourquoi tout à l'heure, — il en résulte une extrême facilité à accepter les prédictions absurdes, les commentaires extravagants qu'on ne manque pas de faire en pareille circonstance.

Dans le nombre considérable des comètes aperçues et observées, il n'y en a encore que fort peu dont le retour ait été bien constaté. Cela tient à deux raisons : d'une part, les anciens n'ont guère laissé d'indications précises sur les comètes qu'ils ont vues, de sorte qu'il est à peu près impossible aujourd'hui de s'assurer de l'identité de celles dont les astronomes étudient le cours, avec celles dont l'histoire nous raconte l'apparition. Si les écrivains dont je parle ici avaient pris soin d'indiquer plusieurs des situations qu'une comète occupait dans le ciel à plusieurs jours d'intervalle, il eût été possible de calculer les éléments avec une certaine approximation, et dès lors de les comparer avec les éléments des comètes observées de nos jours.

D'autre part, la durée de la plupart des périodes de révolution est si considérable pour ces astres, que des siècles s'écouleront avant leur retour et par conséquent avant qu'on puisse s'assurer de leur périodicité par l'observation.

On comprend donc pourquoi les ouvrages d'astronomie distinguent les comètes en périodiques et non périodiques. La périodicité dont il s'agit est toute relative : aussi, pour éviter toute confusion, la locucution, également employée, de comètes à courtes périodes, de comètes à longues périodes, me semble-t-elle préférable.

Parmi les comètes dont la périodicité a été reconnue et dont le retour a été observé, l'une d'elles, la comète de Halley, a une période d'environ soixante-seize ans. Si l'on compare cette durée à celle de la plupart des autres comètes calculées, on peut, sans inconvénient, la ranger dans les comètes à courte période. Quatre ou cinq autres ont des périodes de durées à peu près égales à celles-ci; seulement le retour n'a pu être encore vérifié. Mais combien d'autres mettent, pour parcourir leurs orbites trois cents, quatre cents, huits cents ans! deux mille, trois mille, quatre et cinq mille, et enfin jusqu'à cent mille années !

En parcourant ces immenses orbites, les comètes suivent les lois de Képler, d'où il faut conclure qu'arrivés à l'extrémité du grand axe, la vitesse avec laquelle elles se meuvent doit être excessivement petite. Dès lors ne serait-il pas possible que de si faibles masses, emportées par un mouvement si lent, fussent entraînées dans le centre attractif de quelque autre soleil, et que, voyageuses vagabondes, ces comètes échevelées passassent ainsi d'un monde à l'autre, jusqu'à ce que la concentration de la matière qui les forme et la puissance d'attraction d'un astre énorme ou d'un groupe d'astres finissent par les attacher pour toujours à leur système? Cette hypothèse n'a rien que de fort vraisemblable pour les comètes dont les orbites elliptiques n'ont pu être calculées. Mais quant à celles dont les durées périodiques sont approximativement connues, leurs plus grandes distances au Soleil, quelque considérables qu'elles soient, montrent qu'elles sont bien loin encore d'atteindre la sphère d'attraction des étoiles les plus voisines. La comète de cent mille ans se plonge dans l'espace, à une profondeur d'environ cinq mille fois la distance du Soleil à la Terre, distance qui est quarante fois moindre encore, que celle où nous sommes de l'étoile la plus voisine, d'Alpha du Centaure.

Sept ou huit comètes intérieures paraissent désormais faire partie intégrante de notre système solaire, effectuant leurs révolutions en des temps très-courts, trois ans et demi, six ans trois quarts, sept ans trois mois, par exemple ; n'offrant d'ailleurs rien, au point de vue de leur aspect particulier, qui mérite quelque mention.

L'une d'elles cependant, celle de Gambart ou de
Biéla, a subi une modification singulière : elle s'est
séparée en deux parties distinctes qui voyagent à
peu près de compagnie.

Une autre éprouve dans sa marche une accélération qui diminue sa période d'un ou deux jours, en
la rapprochant ainsi peu à peu du Soleil. Est-ce à la
résistance de l'éther qu'on doit attribuer cette accélération? Ce serait la première observation directe,
constatant l'existence de ce fluide dans les espaces
célestes, existence logiquement démontrée, du reste,
par la propagation des ondes lumineuses.

Ici je m'arrête un instant ; je veux répondre à
une objection qu'on ne manquera pas de faire. Si
l'éther, dira-t-on, ou tout autre fluide répandu dans
les espaces interplanétaires, offre une résistance au
mouvement des comètes, il paraît naturel d'en conclure que ce mouvement sera ralenti et non pas ac-
céléré, comme vous venez de le dire. Or l'observation
constate en réalité une accélération. Donc il est impossible de l'attribuer à la résistance du milieu. Donc
ce phénomène, bien loin de prouver que l'éther existe,
est au contraire une preuve de sa non-existence.

Je crois avoir rapporté l'objection dans toute sa
force. Eh bien, deux mots et deux minutes de réflexion vont la détruire.

Les comètes, comme les planètes, sont attirées par le Soleil. Si elles ne tombent pas directement sur le Soleil, c'est qu'elles sont animées d'une force d'impulsion qui, combinée avec celle de la pesanteur, produit un mouvement elliptique autour du foyer d'attraction.

La résistance de l'éther diminue directement cette force impulsive, tangente à l'orbite. La pesanteur agit alors avec plus d'intensité et rapproche dans une certaine mesure la comète du Soleil. La courbe de l'orbite est donc, par le fait, diminuée dans ses dimensions ; et comme, en vertu de la troisième loi de Képler, les durées des révolutions sont liées aux dimensions de l'orbite, il s'ensuit que ces durées sont elles-mêmes réduites dans une certaine mesure.

Ainsi la résistance du milieu doit donc avoir pour effet, en raccourcissant l'orbite, d'accélérer le mouvement périodique, et c'est précisément ce que l'observation a constaté.

Mais alors on pourrait prévoir, pour un temps plus ou moins éloigné, l'instant où, le mouvement s'accélérant de plus en plus, la comète irait se plonger dans l'atmosphère enflammée du Soleil.

En peut-il être ainsi pour les planètes ? Non. Leur masse est relativement si considérable et le milieu éthéré si peu dense, qu'il a été impossible de constater encore aucune modification dans le mouvement des planètes.

Je viens de parler à plusieurs reprises de la faible masse des comètes. Sans doute, il doit y avoir une grande variété, sous ce rapport, parmi ces astres, dont les uns ont un volume beaucoup plus grand que les autres, qui tantôt possèdent un noyau, tantôt en sont dépourvus. Mais il paraît prouvé néanmoins que la masse des plus considérables est encore d'une extrême petitesse. Aucune comète observée n'a exercé, en effet, sur le cours d'une planète d'influence troublante sensible, tandis qu'au contraire les planètes dans le voisinage desquelles passent les comètes ont souvent produit des perturbations considérables dans la marche de ces dernières. La comète de Halley, par exemple, a éprouvé en 1759, de la part de Saturne, un retard de cent jours, de la part de Jupiter, un retard de cinq cent dix-huit jours.

Une autre comète a traversé deux fois le monde de Jupiter, sans que la marche des satellites en ait été le moins du monde altérée.

C'est sans doute, en raison de cette faiblesse de masse, que l'on observe une si grande variabilité dans la forme et dans l'éclat d'une même comète. Souvent, au retour de telle comète périodique, le changement est si grand, qu'il serait difficile de reconnaître l'astre à son seul aspect : les éléments de son orbite sont pour cela indispensables.

Dans le cours même d'une portion de l'orbite parcourue, bien plus, d'une nuit à l'autre, des modifications se produisent dans le noyau et dans la queue, et ces phénomènes se passent, pour ainsi dire, sous l'œil de l'observateur.

Quelle est la nature de ces agglomérations de matière diffuse ? Sont-elles exclusivement gazeuses ? Quelques-unes ont-elles un noyau réellement solide ? Sont-elles lumineuses par elles-mêmes, ou ne renvoient-elles, au contraire, que la lumière réfléchie du Soleil ? Enfin, d'où proviennent les queues des comètes ?

Voilà une série de questions auxquelles l'astronomie moderne n'a pas encore la prétention de fournir des réponses positives.

Laplace semble regarder les comètes « comme de petites nébuleuses errantes de système en système solaire, et formées par la condensation de la matière nébuleuse répandue avec tant de profusion dans l'univers. »

Des expériences assez précises semblent démontrer que la lumière dont brillent les comètes est, au moins en partie, empruntée au Soleil. Et de fait, il est remarquable de voir combien leur éclat augmente d'intensité à mesure qu'elles s'approchent du foyer de leur mouvement.

Sans doute aussi la matière dont elles sont formées éprouve, pendant leur passage au périhélie, une très-haute élévation de température, et par suite une dilatation considérable. Leurs queues prennent alors des proportions immenses, soit qu'une force répulsive, inhérente au Soleil, chasse ainsi leurs molécules dans une direction opposée, soit que ces molécules s'élèvent en vertu de la raréfaction que la chaleur produit dans leurs atmosphères.

La forme de la queue varie beaucoup, suivant les comètes. Ici c'est une sorte d'éventail dont la partie moyenne est plus obscure que les bords; là c'est une longue bande lumineuse d'un éclat uniforme; tantôt elle est recourbée, en forme de sabre ou de panache; tantôt enfin elle semble un cône immense dont les arêtes plus éclatantes vont rejoindre et envelopper le noyau, et laissent supposer que le cône lui-même est intérieurement creux.

On a cru remarquer dans les noyaux de quelques comètes des changements de forme apparents, qui laisseraient supposer soit un mouvement de rotation, soit une sorte d'oscillation de ces noyaux. Si ce phénomène n'est point hors de doute encore, du moins offre-t-il un certain degré de probabilité.

Et maintenant, que faut-il penser de toutes les rêveries qu'on a débitées sur les comètes, des hypothèses innombrables qu'on a formées sans raison
sur leur constitution physique, sur le danger que
leurs passages périodiques peuvent faire éprouver
aux planètes, et notamment à la Terre? Vraiment la
science ne sait guère que répondre à des idées hypothétiques, qui ne reposent sur aucune donnée.

Je ne ferai pas l'injure à mes lecteurs de réfuter la
possibilité de l'influence occulte des comètes sur les
événements humains, ni la signification redoutable
de leurs apparitions. Les intelligences faibles et superstitieuses, les esprits troublés par des hallucinations mystiques peuvent encore s'occuper de ces fadaises. Mais l'astronomie n'a rien à voir à tout cela,
et nous ferons comme elle.

Quant au choc possible de la Terre par une comète,
on peut le nier ou l'affirmer, sans manquer au bon
sens. Il y a lieu seulement de croire que la faible densité des comètes rendrait ce choc peu dangereux ; et
d'ailleurs la probabilité d'un tel événement est si
faible, qu'il n'y a vraiment pas lieu de s'en occuper.
La Terre, traversant la nébulosité d'une comète, aurait-elle à redouter soit une chaleur intense qui, se
répandant dans notre atmosphère, ferait périr tous
les êtres organisés, soit le contact de gaz délétères

qui les empoisonneraient? c'est ce qu'on ne saurait encore nier ni affirmer, du moins en s'appuyant sur de solides raisons.

Il est encore deux genres de phénomènes particuliers à notre monde solaire et dont je veux donner une rapide esquisse avant de terminer nos pérégrinations et nos causeries. Je veux parler de la lumière zodiacale et des aérolithes.

Vers les mois de mars et de septembre, il n'est pas rare d'apercevoir à l'horizon, avant le lever ou après le coucher du Soleil, une lueur en forme d'ellipse extrêmement allongée et inclinée à peu près dans le sens de l'équateur solaire prolongé. C'est la lumière zodiacale.

Dans les contrées voisines de l'équateur, l'éclat de la lumière zodiacale est beaucoup plus vif que dans les régions tempérées. Cet éclat égale, dit-on, les parties les plus brillantes de la Voie Lactée, ce qui s'explique aisément par la pureté plus grande du ciel et l'intensité moins forte du crépuscule.

Le Soleil paraît donc entouré d'une sorte d'anneau lumineux dont la nature a été l'objet d'un assez grand nombre d'hypothèses. Celle qui semble aujourd'hui la plus probable, c'est que la lumière zodiacale a pour cause la lumière du Soleil, réfléchie elle-même

par les parties matérielles d'un anneau de substance
nébuleuse qui environne l'astre central à une assez
grande distance. Cette matière est-elle formée d'une
multitude de fragments solides ou au contraire a-t-
elle la constitution d'un gaz? c'est sur quoi la science
ne peut se prononcer. Dans le premier cas, il y aurait, entre le phénomène que je viens de décrire et
les aérolithes, une analogie fort remarquable.

Après avoir décrit les petites planètes qui circulent autour du Soleil, à l'intérieur des orbites de Jupiter et de Mars, et signalé ce que présente de caractéristique cet anneau d'astéroïdes, Arago ajoute :
« Rien ne s'oppose à l'hypothèse faite par plusieurs
astronomes et physiciens, de l'existence dans les espaces planétaires de corps ayant des proportions
beaucoup plus faibles encore. Aussi a-t-on rattaché
dans ces dernières années, avec une très-grande probabilité, aux lois générales du système du monde,
des météores qui avaient beaucoup occupé les anciens et qu'on avait vainement cherché à expliquer
soit par l'action de la foudre, soit par des condensations de vapeurs métalliques qui se seraient élevées
jusqu'aux régions extrêmes de l'atmosphère terrestre,
soit par des traînées de gaz hydrogène enflammé.
Les pierres météoriques ou *aérolithes* qui tombent

à la surface de la Terre, les globes de feu nommés *bolides*, qui paraissent et disparaissent tout à coup et présentent un diamètre sensible, les *étoiles filantes* qui tracent un trait de feu presque sans épaisseur dans le ciel étoilé, ce ne sont plus là que des corps errants dans l'espace, et que notre planète vient rencontrer dans sa course annuelle autour du Soleil [1]. »

Je me borne à ces détails au sujet de ces curieux phénomènes. Les observations persévérantes, dont ils sont incessamment l'objet, ne peuvent tarder d'apprendre quel degré de probabilité l'on doit accorder à ces conjectures. Si, comme les savants inclinent à le croire, elles se vérifient un jour, ce sera un trait de plus de la variété admirable des phénomènes que présente à nos yeux le système de notre monde.

Maintenant que nous avons parcouru ce monde en tous sens, que nous avons visité le foyer de force, de chaleur, de lumière que nous nommons notre Soleil, et les planètes qui obéissent à son énergie attractive, depuis celles qui l'entourent à de petites distances, jusqu'aux globes immenses, s'éloignant de lui à des distances que notre imagination se figure à peine; puis leurs satellites, leurs anneaux, les comètes va-

1. *Astronomie populaire*, tome IV.

gabondes et les zones de petites planètes, l'anneau
nébuleux de la lumière zodiacale et les myriades
d'aérolithes qui viennent de temps à autre heurter
notre Terre ou frôler simplement notre atmosphère
en s'enflammant; maintenant que notre voyage de
touristes curieux est terminé, ne serait-ce pas le moment d'embrasser d'un coup d'œil cet admirable système, et, en remontant de l'observation et de la description des faits à la conception de leur génération,
d'essayer, sans sortir des bornes de la vérité constatée, d'expliquer l'origine et les développements
du monde planétaire?

Laplace l'a tenté avec autant de génie et d'audace
que de sage raison. Je tâcherai donc, dans notre prochaine et dernière causerie, de donner une idée de
sa magnifique hypothèse.

Parmi les personnes qui ont bien voulu me suivre
dans cette série de causeries intimes, il en est peut-
être plus d'une qui s'étonnera que je n'aie point
abordé la question de l'habitabilité des corps célestes. Voici ce que je me bornerai à dire sur cet intéressant sujet :

Il y a l'infini à parier contre un, que les myriades
de mondes dont la vue du ciel nous révèle l'existence
sont peuplés d'êtres vivants, sentants et pensants,

plus ou moins faits à notre image, et qui s'agitent en groupes sur leurs globes, de la même façon que nous sur le nôtre..... Mais il n'entre pas dans le cadre de causeries qui prennent pour texte les faits, les lois et leurs conséquences, de disserter sur la nature de ces êtres, sur leurs organes, sur l'état de leurs sociétés, sans aucun doute infiniment variées. Qu'il soit permis toutefois à chacun de nous, dans ses rêveries, de laisser l'imagination faire les frais de ces innocentes hypothèses, dont le fond intéresse si profondément tous ceux qui se laissent entraîner volontiers au delà des intérêts et des passions d'un jour.

Pour moi, je me plais à croire qu'à l'heure où j'écris, qu'à l'instant où vous lisez ces lignes, quelque habitant de Vénus, de Jupiter, voire même de telle planète appartenant au monde de Sirius, je suppose, se lance aussi dans ce même champ d'idées, et que la communication intellectuelle, mille fois plus rapide que la propagation même de la lumière, nous unit dans une pareille pensée, vous ou moi, lecteur, et nos semblables des mondes éthéréens.....

VINGTIÈME CAUSERIE

—

Origine et formation du monde solaire; hypothèse cosmogonique
de Laplace. — Phases par lesquelles a dû passer la né uleuse
solaire primitive. — Origine des mouvements de révolution et
de rotation. — Philosophie et poésie de l'astronomie.

Si le but que je me suis proposé dans ces causeries
est atteint, du moins, dans la mesure que comporte
une telle introduction aux études plus sérieuses d'astronomie, les lecteurs qui ont bien voulu me suivre
jusqu'au bout doivent maintenant pouvoir se former
de l'univers une idée générale assez juste.

Et d'abord, dans l'espace sans bornes, ou du moins
à l'étendue duquel l'imagination ni la raison ne sauraient concevoir de limites, se meuvent des séries
indéfinies de corps, dont les agglomérations visibles
les plus puissantes sont les nébuleuses, vastes systèmes de soleils qu'une effroyable distance ne nous

laisse plus apparaître que comme les molécules imperceptibles d'une masse gazeuse de couleur blanchâtre : le grossissement dont les instruments d'optique arment la vue de l'homme résout ces masses immenses en leurs éléments constituants, c'est-à-dire en une innombrable quantité de soleils distincts, brillant de leur propre lumière.

Ces nébuleuses ne sont-elles pas elles-mêmes les éléments de systèmes plus vastes encore? C'est ce dont l'observation ne saurait actuellement donner la preuve; toutefois l'analogie déduite ici non de vaines ressemblances, mais des nécessités logiques que les principes mêmes de la mécanique rationnelle laissent clairement entrevoir, conduit à admettre l'extrême probabilité de l'existence de pareils groupes. Dès lors l'univers nous apparaît, comme l'engrenage indéfini de systèmes qui s'enveloppent les uns les autres et sont reliés tous par une même loi générale, n'offrant rien d'obscur ni de mystérieux, puisqu'elle est la loi même qui régit, sous nos yeux, les mouvements des corps célestes de notre système particulier.

En descendant la série de ces systèmes, on arrive à des nébuleuses plus simples, composées de deux ou plusieurs soleils entourés d'une véritable nébulosité, c'est-à-dire d'une enveloppe gazéiforme, ou même à

un soleil unique, également entouré de la matière
qui, sans doute, l'a produit par une condensation
graduelle.

Tantôt les soleils sont isolés, tantôt ils sont groupés
de manière à former des systèmes doubles, triples,
quadruples, et à se mouvoir, suivant les lois générales des corps célestes, autour de leur centre commun de gravité. La matière nébuleuse a disparu ou
s'est concentrée peu à peu autour de chaque globe,
dans un rayon dont la limite extérieure est inappréciable à la distance qui nous en sépare.

Il n'aurait pas suffi d'avoir cette idée générale du
monde visible; et la connaissance même très-exacte
des lois des mouvements n'aurait pu fournir à notre
intelligence qu'une image imparfaite des fonctions
réelles et vivantes, pour ainsi dire, de ces grands
corps, si nous n'avions quitté le domaine des généralités pour entrer dans l'étude spéciale de leurs constitutions physiques.

Quelle est l'utilité actuelle de ces mouvements généraux et particuliers qui animent les astres? Telle
est la question qui s'est naturellement présentée.

C'est alors, qu'examinant en détail notre monde, si
petit quand on le compare au reste de l'univers, si
grand quand notre Terre et nous-mêmes servons de
terme de comparaison, nous avons constaté que le

Soleil est le foyer commun autour duquel gravite une nouvelle série de corps célestes, et que sa fonction est de fournir à tous, par une pondération admirable, le mouvement, la chaleur, la lumière et la vie. En a-t-il été toujours ainsi? en sera-t-il toujours de même? Ce sont des questions auxquelles la science ne peut répondre.

Arrivés là, nous nous sommes arrêtés. C'est là, en effet, que l'astronomie cesse, laissant aux sciences physiques, à la géologie, à la science des corps organisés, le soin de pénétrer plus profondément dans la connaissance des lois de l'univers.

On comprend, du reste, que l'astronomie et les sciences dont nous parlons, loin d'être étrangères les unes aux autres, se servent de secours et de mutuel appui : les progrès scientifiques quotidiens démontrent cette vérité à chaque instant.

Ce sont là les sciences que doivent interroger et approfondir ceux que le désir de connaître enflamme, et qui regardent comme le plus noble besoin de notre nature celui de pénétrer le mystère apparent des phénomènes variés dont la vie universelle leur offre le mouvant tableau.

Mais qu'ils se gardent de substituer, — telle est du moins la marche prudente et sûre indiquée par la méthode si féconde des sciences positives, — à la

connaissance raisonnée des faits et des lois, l'illusion
d'une cause imaginée *à priori* et dépourvue du caractère qui seul peut la légitimer aux yeux de la raison,
c'est-à-dire du contrôle de l'observation, de l'expérience et du raisonnement.

C'est la même pensée que Laplace exprime, lorsqu'il laisse entendre que la nature n'a pas besoin
d'une intervention occulte, pour assurer la stabilité
de ses systèmes :

« En vertu de la pesanteur, les couches terrestres
les plus denses se sont rapprochées du centre de la
terre, dont la moyenne densité surpasse ainsi celle
des eaux qui la recouvrent; ce qui suffit pour assurer
la stabilité de l'équilibre des mers et pour mettre *un
frein à la fureur des flots*. Ces phénomènes et quelques autres semblablement expliqués autorisent à
penser que tous dépendent de ces lois par des rapports plus ou moins cachés, mais dont il est plus
sage d'avouer l'ignorance que d'y substituer des
causes imaginées par le seul besoin de calmer notre
inquiétude sur l'origine des choses qui nous intéressent. »

Mais s'il est contraire à une saine méthode de
s'élancer sans boussole dans le domaine de l'absolu,
il est très-légitime de chercher à coordonner tous les
faits et toutes les lois particulières, dans une concep-

tion générale, qui nous fasse remonter à l'origine probable des phénomènes actuels.

La science est-elle en état de fournir une réponse satisfaisante à la grande question de l'origine des mondes, et, en particulier, à celle de la formation du nôtre ?

Déjà nous avons vu que les différentes nébuleuses présentent dans leur ensemble le tableau des évolutions successives de chacune d'elles. Les unes, à l'état rudimentaire, paraissent des agrégats de matière diffuse, possédant à peine quelques indices de condensation ; les autres offrent des centres multiples d'attraction déjà plus lumineux ; d'autres présentent, ici des soleils tout formés, là des soleils en voie de formation. Ailleurs, des soleils s'éteignent, nous offrant le spectacle, soit de mondes en décadence, soit d'évolutions rapides ou même subites, dont il est difficile de nous former aucune idée.

Combien d'années, combien de siècles faut-il, pour que les premières de ces transformations s'accomplissent ? Les durées dont il s'agit sont certainement inconnues ; mais, d'après les observations de plusieurs siècles, elles doivent être si considérables, qu'aucun nombre ne saurait nous les faire comprendre. En assistant par la pensée à ces mouvements immenses, les siècles, les milliers, les millions de siècles s'écoulent; et les mondes naissent, se développent, vivent et meurent, nous donnant ainsi le sentiment de l'infinité de la durée !

Mais la formation de notre monde solaire, des planètes et de leurs satellites, des anneaux d'astéroïdes, de bolides et de matière nébuleuse, a été l'objet d'une conception grandiose, appuyée sur les lois démontrées du mouvement et des phénomènes physiques, et donnant l'explication la plus rationnelle de l'état présent du système. Le géomètre illustre qui a conçu cette hypothèse, Laplace, la donne d'ailleurs avec toute la réserve qu'exige la sévère rigueur de la science.

J'ai annoncé plus haut que je terminerais ces causeries par un exposé succinct de cette genèse du monde solaire. J'ajouterai que les observations récentes en confirment chaque jour davantage la probabilité.

En remontant aussi loin que possible dans la série des siècles antérieurs, le Soleil et son cortége de planètes, et toute la matière qui compose les astres et les astéroïdes de son système, n'existaient que sous la forme d'une nébuleuse extraordinairement diffuse, ne présentant encore aucune apparence de condensation. Dans un pareil état de diffusion, les particules de matière sont assez éloignées pour que la force répulsive détruise entièrement la force attractive qui tend à les réunir, à les grouper ensemble.

Mais, à mesure que le temps s'écoule, le refroidissement provenant de leur rayonnement dans l'espace peu à peu diminue l'action de cette force répulsive, et, permettant à l'attraction d'agir, rapproche et condense les diverses parties de la nébulosité diffuse. A mesure que cette condensation augmente, les centres d'attraction deviennent de plus en plus denses et lumineux, jusqu'à présenter enfin l'aspect des nébuleuses à noyaux.

La nébuleuse solaire a donc fini par offrir l'apparence d'un noyau lumineux, entouré d'une atmosphère qui s'étendait, autour de lui, à une grande distance.

« Dans l'état primitif où nous supposons le Soleil, dit Laplace, il ressemblait aux nébuleuses que le télescope nous montre composées d'un noyau plus ou moins brillant, entouré d'une nébulosité qui, en se condensant à la surface du noyau, le transforme en étoile. Si l'on conçoit par analogie toutes les étoiles formées de cette matière, on peut imaginer leur état antérieur de nébulosité, précédé lui-même par d'autres états dans lesquels la matière nébuleuse était de plus en plus diffuse, le noyau étant de moins en moins lumineux. On arrive ainsi, en remontant

aussi loin qu'il est possible, à une nébulosité tellement diffuse que l'on pourrait à peine en soupçonner
l'existence. »

Il faut maintenant expliquer comment, peu à peu,
se sont adjoints au Soleil central tous les corps qui
composent le système planétaire; pourquoi les mouvements des planètes ont tous lieu dans un même
sens, d'occident en orient; pourquoi le même fait se
reproduit pour les satellites; comment il a dû arriver
que le mouvement de rotation du Soleil et celui de
tous les autres corps qui gravitent autour de lui ont
lieu dans le sens même des mouvements de translation; quelle est la raison de la faible excentricité que
présentent les orbes des planètes et des satellites;
pourquoi, enfin, les orbes des comètes ont au contraire une excentricité considérable.

Laplace, après s'être posé ces conditions du problème, examine en passant et réfute l'hypothèse de
Buffon, qui, faisant tomber dans le Soleil une comète,
imagine qu'elle a dû lancer dans l'espace des torrents
de matière en fusion dont les différents débris sont
allés, à diverses distances, former les planètes et
leurs satellites. Cette hypothèse, en effet, ne rend
compte que de la première des conditions précédentes sans expliquer aucune des autres.

Il montre que la cause de la formation des planètes

a dû embrasser toute la sphère des orbes planétaires, et dès lors n'a pu être qu'un fluide d'une immense étendue.

Il suppose donc, comme je l'ai dit plus haut, qu'après une série de siècles, la nébuleuse primitive s'est réduite à un noyau lumineux entouré d'une atmosphère qui s'étendait jusqu'aux limites des orbites des planètes, en vertu d'une chaleur excessive, mais qui, se refroidissant peu à peu, s'est resserrée successivement jusqu'à ses limites actuelles. Toute cette masse était animée d'un mouvement de rotation autour de son centre, mouvement uniforme tant que ses diverses parties restèrent agrégées au tout lui-même.

A un instant donné, les limites de l'atmosphère étaient déterminées par la distance à laquelle l'attraction centrale équilibrait la force centrifuge. Mais sous l'influence d'un refroidissement continu, l'atmosphère se resserrant et diminuant de volume, les limites auxquelles la force centrifuge et l'attraction pouvaient se faire équilibre se rapprochèrent nécessairement du centre, en vertu de la loi de projection des aires, qu'on me permettra de ne point rapporter ici. De là, l'abandon aux limites primitives d'une zone de vapeur condensée.

Successivement l'atmosphère solaire abandonna de

la sorte, à des distances de plus en plus rapprochées du centre, des zones de vapeur, dans le plan de l'équateur solaire, ou du moins fort près de ce plan.

Si un équilibre parfait eût continué d'exister dans ces zones, elles eussent conservé la forme d'anneaux concentriques au Soleil. Mais c'eût été là l'effet d'un grand hasard. Ces anneaux se disloquèrent, et les débris les plus considérables, peu à peu attirant et s'agrégeant les moindres, formèrent de petites nébuleuses animées de deux mouvements : mouvement de translation autour du centre primitif, mouvement de rotation autour de leur propre centre ; et ces deux mouvements, n'étant que la continuation du mouvement antérieur, durent conserver le sens de la rotation solaire.

Et c'est ainsi que naquirent les planètes.

Mais il est facile de comprendre qu'il en fut de ces nébuleuses partielles comme de la nébuleuse totale ; la plupart d'entre elles, par la condensation graduelle de leurs atmosphères, donnèrent lieu à la formation des satellites. Seulement l'attraction prépondérante de la planète centrale, provenant de la faible distance, allongeant les sphères des satellites vers le centre de la planète, rendit les durées de leurs rotations presque identiques avec celles de leurs révolutions. Après quelques oscillations, ces durées devinrent rigoureusement égales, et l'on explique ainsi, à la fois, pourquoi les satellites n'eurent plus eux-mêmes de satellites, et pourquoi ces corps présentent toujours la même face, à la planète autour de laquelle ils sont entraînés par la gravitation.

La fluidité primitive des planètes, que démontrent à la fois les faits géologiques et l'aplatissement des pôles de rotation, est une conséquence toute naturelle de cette hypothèse : avant d'arriver à l'état solide, les noyaux planétaires, de gazeux qu'ils furent à l'origine, passèrent par l'état liquide, et ce n'est qu'après un refroidissement suffisant et des siècles de transformations que se formèrent enfin les croûtes solides, constituant le sol actuel des planètes.

Le monde de Saturne reste encore pour ainsi dire comme un témoignage de la vérité probable de cette conception. C'est ce qu'exprime Laplace lui-même, en ces termes :

« La distribution régulière de la masse des anneaux de Saturne autour de son centre et dans le plan de son équateur résulte naturellement de cette hypothèse, et sans elle devient inexplicable : ces anneaux me paraissent être des preuves toujours subsistantes de l'extension primitive de l'atmosphère de Saturne et de ses retraites successives. »

Quant aux comètes, elles sont sans doute d'origine

étrangère à notre monde. Ce sont, en général, de petites nébuleuses errantes de système en système solaire, parmi lesquelles plusieurs ont été retenues, grâces aux perturbations qu'elles ont subies et à l'énergie attractive du Soleil, dans des orbites ayant cet astre même pour foyer.

Telle est l'hypothèse, formulée par l'illustre et grand géomètre qui édifia le plus beau monument scientifique des temps anciens et modernes, la *Mécanique céleste.*

Et maintenant est-il besoin de répondre aux accusations banales dont ce grand génie et la science même ont été l'objet? Que des fabricants de phrases aussi vides que sonores épuisent leur verve à la glorification de leurs vanités et de leurs petites passions, et, ne comprenant pas la poésie des conceptions astronomiques, les accusent d'aridité et de sécheresse, on le conçoit. Que des rapsodes des vieilles idées et des institutions finies se récrient et jettent l'anathème aux vérités nouvellement démontrées mais éternellement justes, on le conçoit mieux encore. Mais qu'importe! la science, dédaignant ces attaques intéressées, poursuit avec calme son œuvre d'émancipation et de lumière.

Quant à moi, je ne saurais mieux finir, en prenant

congé de mes lecteurs, qu'en mettant ce petit volume sous la protection du géomètre éminent dont les idées ont fait l'objet de cette dernière causerie. J'emprunte donc à Laplace le paragraphe par lequel il termine, dans un magnifique langage, son *Exposition du système du monde.*

« L'astronomie, par la dignité de son objet et par la perfection de ses théories, est le plus beau monument de l'esprit humain, le titre le plus noble de son intelligence. Séduit par les illusions des sens et de l'amour-propre, l'homme s'est regardé longtemps comme le centre du mouvement des astres, et son vain orgueil a été puni par les frayeurs qu'ils lui ont inspirées. Enfin, plusieurs siècles de travaux ont fait tomber le voile qui cachait à ses yeux le système du monde. Alors il s'est vu sur une planète presque imperceptible dans le système solaire, dont la vaste étendue n'est elle-même qu'un point insensible dans l'immensité de l'espace. Les résultats sublimes auxquels cette découverte l'a conduit sont bien propres à le consoler du rang qu'elle assigne à la terre, en lui montrant sa propre grandeur dans l'extrême petitesse de la base qui lui a servi pour mesurer les cieux. Conservons avec soin, augmentons le dépôt de ces hautes connaissances, les délices des êtres pensants. Elles ont rendu des services importants à la naviga-

tion et à la géographie ; mais leur plus grand bien-
fait est d'avoir dissipé les craintes produites par les
phénomènes célestes, et détruit les erreurs nées de
l'ignorance de nos vrais rapports avec la nature ;
erreurs et craintes qui renaîtraient promptement si
le flambeau des sciences venait à s'éteindre. »

TABLE DES MATIÈRES

PREMIÈRE CAUSERIE

Utilité de l'Astronomie. — Influence des découvertes modernes sur
les idées religieuses et morales; nouvelle conception de l'Univers. — Comme quoi les éclipses des lunes de Jupiter peuvent
influer sur le prix du café, du sucre et du coton. — Aux grands
astronomes la civilisation reconnaissante................ 1

DEUXIÈME CAUSERIE

Premier coup d'œil sur la constitution de l'Univers visible. —
Notre système. — Les étoiles et les nébuleuses. — Que notre
Soleil est une étoile de la Voie Lactée. — Son mouvement de
translation dans l'espace. — Le mouvement est dans tout l'Univers. — Immobilité apparente des cieux................ 15

TROISIÈME CAUSERIE

Soleils et Nébuleuses. — Les étoiles sont des soleils; leurs couleurs
et leur éclat. — Les systèmes d'étoiles, doubles ou multiples. —
Étoiles périodiques et temporaires; changements de couleur.
— Les Nébuleuses. — Les mondes qui naissent et les mondes
qui meurent. — Idée de la création continue. — Ce qu'il faut
penser de l'incorruptibilité des cieux................ 29

DIXIÈME CAUSERIE

ONZIÈME CAUSERIE

DOUZIÈME CAUSERIE

TREIZIÈME CAUSERIE

QUATORZIÈME CAUSERIE

QUINZIÈME CAUSERIE

SEIZIÈME CAUSERIE

DIX-SEPTIÈME CAUSERIE

DIX-HUITIÈME CAUSERIE

DIX-NEUVIÈME CAUSERIE

VINGTIÈME CAUSERIE

FIN DE LA TABLE DES MATIÈRES.